iLike就业CorelDRAW X4
中文版多功能教材

叶 华 编著

电子工业出版社

Publishing House of Electronics Industry

北京·BEIJING

内 容 简 介

本书以实例为载体，通过通俗易懂的语言将理论穿插在实际操作中，以实例表现理论，并详细介绍如何利用CorelDRAW X4的各种功能来创建图形或编辑图像。通过对本书的学习，读者能够比较全面地掌握软件中的理论知识和相关细节。编者从读者的角度出发，将CorelDRAW X4生动地展现在读者面前。希望读者阅读本书后可以掌握CorelDRAW X4的各种操作方法和技巧，以便在日后的实践中实现创作理想。

图书在版编目（CIP）数据

iLike就业CorelDRAW X4中文版多功能教材/叶华编著.—北京：电子工业出版社，2010.7
ISBN 978-7-121-11222-5

Ⅰ.①i… Ⅱ.①叶… Ⅲ.①图形软件，CorelDRAW X4—教材 Ⅳ.①TP391.41

中国版本图书馆CIP数据核字（2010）第123476号

责任编辑：李红玉
文字编辑：姜 影
印　　刷：北京天竺颖华印刷厂
装　　订：三河市鑫金马印装有限公司
出版发行：电子工业出版社
　　　　　北京市海淀区万寿路173信箱　邮编：100036
　　　　　北京市海淀区翠微东里甲2号　邮编：100036
开　　本：787×1092 1/16　印张：15.25　字数：390千字
印　　次：2010年7月第1次印刷
定　　价：30.00元

凡所购买电子工业出版社图书有缺损问题，请向购买书店调换。若书店售缺，请与本社发行部联系，联系及邮购电话：（010）88254888。
质量投诉请发邮件至zlts@phei.com.cn，盗版侵权举报请发邮件至dbqq@phei.com.cn。
服务热线：（010）88258888。

前　言

CorelDRAW（全称为CorelDRAW Graphics Suite）是一款由世界顶尖软件公司之一的加拿大的Corel公司开发的图形图像软件。CorelDRAW因非凡的设计能力而被广泛地应用于商标设计、标志制作、模型绘制、插图描画、排版及分色输出等诸多领域。用于商业设计和美术设计的电脑上几乎都安装了CorelDRAW，这足以证明CorelDRAW的受欢迎程度。Corel公司在2008年1月28日正式发布了CorelDRAW的第十四个版本，版本号延续为X4，也就是"CorelDRAW Graphics Suite X4"。相比之前的版本，CorelDRAW X4加入了大量新特性，总计有50项以上，其中值得注意的亮点有，文本格式实时预览、字体识别、页面无关层控制、交互式工作台控制等。

本书是一本主要讲述CorelDRAW X4各方面功能的书，它以大量的篇幅相对较小的实例为载体，向读者描述了该软件各项功能的使用方法和技巧，同时展示了如何利用该软件进行设计与创作。本书的实例都是根据知识点设计和编写的，非常适合读者查阅与自我学习。

根据编者对CorelDRAW的理解与分析，最终将本书划分为9课内容，比较科学地将软件中的知识从整体中划分开来。

在第1课中，编者以理论和实际相结合的方法向读者介绍了CorelDRAW X4的基础知识，使读者对CorelDRAW X4快速入门。编者将基础知识总结为若干知识点，使知识在讲述过程中比较有针对性，并以实例的方式展示了一些需要用到的实际操作，整个写作架构充分考虑到了读者的学习需要。本课的知识点主要包括图形与图像的基本知识、CorelDRAW X4工作界面的介绍、文件的基本操作、页面的设置和显示、查找和替换以及如何查阅文档信息等。

在第2课～第8课中，编者向大家详细介绍了CorelDRAW X4中的各项基本功能。这些知识点均以实际操作的方式显现出来，使读者跟随实例的操作逐步进行学习。这样，读者会更容易接受知识的传输，相对于单纯的文字理论类书籍来讲，本书的写法是比较灵活的一种方式。在实例的编排中，还插有注意、提示和技巧等小篇幅的知识点，都是一些平时容易出错的地方或者操作中的技巧，读者可以仔细品味，发现其中的实用性。这几课的内容主要包括绘制和编辑图形、绘制和编辑曲线、对象组织与造型、编辑轮廓线与填充颜色、文本处理、使用交互式工具以及图形和图像处理。

第9课主要介绍了关于打印、条形码制作和网络发布的一些知识点，属于设计制作的后期工作，也是十分重要的。读者通过对本课的学习，可以独立完成作品完整的制作过程。

本书对每课的具体内容都进行了十分科学的安排，先介绍知识结构，然后列出了对应课业的就业达标要求，随后紧跟具体内容，为读者的学习提供了非常明了的信息与步骤安排。本书含配套资料，素材和原文件都在同一课中存放，素材文件的具体位置均在文稿中得以体现，读者可以根据提示找到文件。

在本书的编著过程中，得到了电子工业出版社和北京美迪亚电子信息有限公司的领导以及编辑老师的大力帮助，在此对他们表示衷心的感谢。

本书可作为电脑平面设计人员、电脑美术爱好者以及与图形图像设计人员的参考用书。

由于时间仓促，书中难免有遗漏和不足之处，望广大读者提出批评指正。

为方便读者阅读，若需要本书配套资料，请登录"北京美迪亚电子信息有限公司"（http://www.medias.com.cn），在"资料下载"页面进行下载。

目　录

CorelDRAW X4快速入门

本课知识结构

　　CorelDRAW是由加拿大Corel公司出品的优秀矢量绘图软件，CorelDRAW X4是其最新版本，增加了更多实用的功能，使用户操作更为方便、快捷。通过本课的学习，读者可快速掌握CorelDRAW X4的入门知识。充分了解各方面基础知识，是学习软件中其他知识的前提，也是开展设计的必要条件。

就业达标要求

☆ 掌握图形与图像的基本知识　　　　　　☆ 掌握如何进行页面的设置和显示

☆ 认知CorelDRAW X4工作界面　　　　　☆ 掌握如何查找和替换

☆ 掌握文件的基本操作　　　　　　　　　☆ 掌握如何查阅文档信息

1.1　图形图像基本知识

　　对软件快速入门的前提是要对该软件的一些基本理论知识进行充分了解。本节介绍一些关于图形图像的基础知识，作为读者学习CorelDRAW X4的入门阶段的第一步。这样安排学习开端，有助于读者对软件循序渐进地进行学习，为以后的独立创作打好基础。

1. 矢量图形和位图图像

　　矢量图是一种通过数学方法记录的数字图像，而位图则是用像素点阵方法记录的数字图像，它们都是计算机记录数字图像的方式。CorelDRAW可以编辑矢量图形，也可以将绘制好的矢量图形转换为位图，从而对位图进行一系列编辑。

- 矢量图形：矢量图形是一系列由线连接的点绘制出来的图形。矢量文件中的图形元素被称为对象，每个对象都是独立的个体，具有形状、大小、颜色和轮廓线等属性，如图1-1所示。矢量图形由一些基本形状及线条构成，这样在填充颜色时既可以沿线条的轮廓边缘进行着色，又可以对其内部进行填充。在对矢量图形进行缩放时，不会改变对象的清晰度和弯曲度，也不会改变对其操作后所得到的结果。

- 位图图像：位图又叫做点阵图，它是由无数个像素点构成的图像。位图中每个像素点都具有固定的位置与颜色值，色彩丰富、效果逼真的位图图像就是通过大量像素点的不同着色和排列而构成的。在一般情况下，位图图像的表现效果都十分到位，在视觉感观上具有真实与亮丽的双重特点，如图1-2所示。

图1-1　矢量图形

图1-2　位图图像

注意　位图图像与分辨率的设置有关。当位图图像以过低的分辨率打印或是以较大的倍数放大显示时，图像的边缘就会出现锯齿，如图1-3和图1-4所示。因此，在制作和编辑位图图像之前，应该先根据输出的要求调整图像的分辨率。

图1-3　位图图像

图1-4　局部放大效果

2. 分辨率

分辨率常以"宽×高"的形式来表示。分辨率对数字图像的显示及打印等方面，都起着至关重要的作用。图像分辨率、屏幕分辨率以及打印分辨率是最常见的三种分辨率。

- 图像分辨率：图像分辨率是指图像中存储的信息量，通常以像素/英寸来表示。图像分辨率和图像尺寸的具体数值一起决定文件的大小及输出的质量，该值越大，图形文件所占用的磁盘空间也就越多。图像分辨率以比例关系影响着文件的大小，即文件大小与其图像分辨率的平方成正比。

- 屏幕分辨率：屏幕分辨率是指显示器分辨率，即显示器上每单位长度显示的像素或点的数量，通常以点/英寸（dpi）来表示。一般显示器的分辨率为72dpi或96dpi。显示器分辨率取决于显示器的大小及其像素设置。显示器在显示时，图像像素直接转换为显示器像素，当图像分辨率高于显示器分辨率时，在屏幕上显示的图像比其指定的打印尺寸大。

- 打印分辨率：激光打印机（包括照排机）等输出设备产生的每英寸油墨点数（dpi）就是打印机分辨率。大部分桌面激光打印机的分辨率为300dpi到600dpi，而高档照排机能够以1200dpi或更高的分辨率进行打印。

用于印刷的图像，分辨率应不低于300dpi。如果要对图像进行打印输出，则需要符合打印机或其他输出设备的要求。应用于网络的图像，分辨率只需满足典型的显示器分辨率即可。因此，图像的最终用途决定了图像分辨率的设定。

3. 色彩模式

利用矢量软件绘图，如果想达到比较强的表现力，就要注意颜色的合理使用。如果颜色运用恰到好处，就会产生良好的表现效果。CorelDRAW支持多种颜色模式，它提供了具有强大功能的调色板和颜色处理工具。

CorelDRAW所支持的多种色彩模式就是一种将色彩数据化的表示方法。简单来说，就是将颜色分成几个不同的基本颜色组件，然后经过组件中颜色的调配，从而得到丰富多样的颜色。CorelDRAW中含有多种色彩模式，如RGB模式、CMYK模式、HSB模式、Lab模式和灰度模式等。

- RGB模式：RGB模式就是指光学中的三原色，即R（Red）代表红色，G（Green）代表绿色，B（Blue）代表蓝色。自然界中只要是肉眼可见的颜色都可以通过这三种基本色彩混合得到，所以RGB颜色模式是一种加色模式。每种颜色都有256种不同的亮度值，运用这种颜色模式填充对象的颜色会得到逼真的绘制效果，可视性极强。

- CMYK模式：系统默认的色彩模式是CMYK颜色模式，并且此种颜色模式在设计行业中也比较常见。CMYK模式是印刷领域主要运用的颜色模式。由于纸上的颜色是通过油墨吸收（减去）一些色光，而将其他光反射到观察者的眼里而产生色彩效果的，由此可知，CMYK模式是一种减色模式。在CMYK模式中，C（Cyan）代表青色，M（Magenta）代表品红色，Y（Yellow）代表黄色，K（Black）代表黑色。

- HSB色彩模式：该模式是从色调、饱和度和亮度这三方面来考虑颜色的分配的，它以人们对颜色的感觉为基础，描述了颜色的几个基本特性，H（Hue）代表色调，S（Saturation）代表饱和度，B（Brightness）代表亮度。

- Lab模式：Lab模式是目前包括颜色数量最广的模式，Lab颜色由亮度（光亮度）分量和两个色度分量组成。L代表光亮度分量，范围为0～100，a分量表示从绿色到红色的光谱变化，b分量表示从蓝色到黄色的光谱变化，两者范围都是+120～-120。Lab颜色模式最大的优点是颜色与设备无关，无论使用什么设备（如显示器、打印机、计算机或扫描仪）创建或输出图像，这种颜色模式产生的颜色都可以保持一致。

- 灰度模式：灰度模式只包含颜色的灰度信息，没有色调、饱和度等彩色信息，该模式共有256种灰度级，其设置范围为0～255。

4. 文件格式

随着版本的不断提高，CorelDRAW X4在原有的兼容文件格式的基础上又有所进步。CorelDRAW X4自身文件格式为CDR，它与其他矢量绘图软件默认文件格式之间也可以互相转换，另外，CorelDRAW X4还可以导入PDF、TXT、TIFF、GIF、JPEG、BMP等各种格式图片。

- CDR：CDR格式是CorelDRAW的专用图形文件格式。由于CorelDRAW是矢量图形绘制软件，因此CDR格式可以记录文件的属性、位置和分页等。但它在兼容度上比较差，其他图像编辑软件打不开此类软件。

- AI：AI格式是Illustrator软件创建的矢量图格式。AI格式的文件可以直接在Photoshop和CorelDRAW等软件中打开。在CorelDRAW中打开此格式文件时，文件仍为矢量图形，且可以对图形的颜色和形状进行编辑。

- EPS：EPS是"Encapsulated PostScript"首字母的缩写。EPS可以说是一种通用的行业标准格式，该格式文件可同时包含像素信息和矢量信息。除了多通道模式的图像之外，其他模式都可存储为EPS格式。该格式文件不支持Alpha通道。EPS格式可以支持剪贴路径，可以产生镂空或蒙版效果。

- PDF：PDF（可移植文档格式）格式是Adobe公司开发的，用于Windows、Mac OS和DOS系统的一种电子出版软件的文档格式。与PostScript页面一样，PDF文件可以包含位图和矢量图，还可以包含电子文档查找和导航功能，如电子链接。PDF格式支持RGB、索引颜色、CMYK、灰度、位图和Lab颜色模式，不支持Alpha通道。PDF格式支持JPEG和ZIP的压缩，但位图颜色模式除外。

- TXT：TXT文件是微软在操作系统上附带的一种文本格式，是最常见的一种文件格式，早在DOS时代应用就很多，主要存储文本信息，即文字信息。

- TIFF：TIFF是一种比较灵活的图像格式，它的全称是Tagged Image File Format，文件扩展名为TIF或TIFF。该格式支持256色、24位真彩色、32位色、48位色等多种色彩位，同时支持RGB、CMYK等多种色彩模式，支持多平台。TIFF文件可以是不压缩的，文件体积较大，也可以是压缩的，支持RAW、RLE、LZW、JPEG、CCITT3组和CCITT4组等多种压缩方式。

- GIF：GIF格式也是一种非常通用的图像格式，最多只能保存256种颜色，且使用LZW压缩方式压缩文件，因此GIF格式保存的文件非常轻便，不会占用太多的磁盘空间，非常适合Internet上的图片传输。在保存图像为GIF格式之前，需要将图像转换为位图、灰度或索引颜色等颜色模式。GIF采用两种保存格式，一种为"正常"格式，可以支持透明背景和动画格式；另一种为"交错"格式，可让图像在网络上由模糊逐渐转为清晰的方式显示。

- JPEG：JPEG文件比较小，是一种高压缩比、有损压缩真彩色图像文件格式，因此，JPEG在注重文件大小的领域应用很广，比如上传在网络上的大部分高颜色深度图像。在压缩保存的过程中，与GIF格式不同，JPEG保留RGB图像中的所有颜色信息，以失真最小的方式去掉一些细微数据。JPEG图像在打开时自动解压缩。

- BMP：BMP是Windows平台标准的位图格式，使用非常广泛。一般软件都支持BMP格式。BMP格式支持RGB、索引颜色、灰度和位图颜色模式，但不支持Alpha通道。保存位图图像时，可选择文件的格式（Windows操作系统或苹果操作系统）和颜色深度（1～32位），对于4～8位颜色深度的图像，可选择RLE压缩方案，这种压缩方式不会损失数据，是一种非常稳定的格式。BMP格式不支持CMYK颜色模式的图像。

1.2　CorelDRAW X4的操作界面

CorelDRAW X4的工作界面主要由菜单栏、属性栏、工具箱、调色板、标题栏、状态栏等部分组成，如图1-5所示。

1. 标题栏

位于工作界面的正上方，显示了CorelDRAW的版本和正在绘制的图形名称。标题的左边是控制菜单按钮，右边是最小化、最大化和关闭窗口按钮。

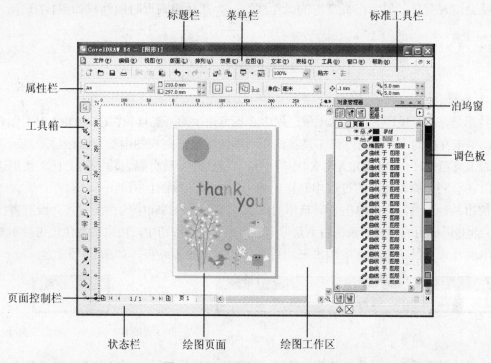

图1-5　CorelDRAW X4的工作界面

2. 菜单栏

CorelDRAW X4的菜单栏包含"文件"、"编辑"、"视图"、"版面"、"排列"、"效果"、"位图"、"文本"、"表格"、"工具"、"窗口"和"帮助"共12个菜单。每个菜单又包含了相应的子菜单。

需要使用某个命令时，首先单击相应的菜单名称，然后从下拉菜单列表中选择相应的命令即可。一些常用的菜单命令右侧显示有该命令的快捷键，如"编辑"|"复制"菜单命令的快捷键为Ctrl+C，有意识地记忆一些常用命令的快捷键是加快操作速度，提高工作效率的好方法。

有些命令的右边有一个黑色的三角形，表示该命令还有相应的下拉子菜单，将鼠标移至该命令，即可弹出其下拉菜单。有些命令的后面有省略号，表示用鼠标单击该命令即可弹出相应的对话框，用户可以在对话框中进行更为详尽的设置。有些命令呈灰色，表示该命令在当前状态下不可用，需要选中相应的对象或进行了合适的设置后，该命令才会变为黑色，呈可用状态。

3. 标准工具栏

将常用的菜单命令以按钮的方式放置其中，方便用户使用，如图1-6所示。

图1-6　标准工具栏

4. 属性栏

属性栏和用户所选取的对象或所使用的工具相关联。选取不同的对象或使用不同的工具，

属性栏就会跟着变化，显示出最常用的操作按钮。如选择椭圆形时属性栏如图1-7所示。

图1-7　属性栏

5. 工具箱

工具箱是每一个设计者在编辑图像过程中必不可缺少的。工具箱在CorelDRAW工作界面的左侧，单击并拖动工具箱时，该工具箱成矩形虚线状态，在视图中松开鼠标后，显示带有标题栏的工具箱控件。CorelDRAW X4中的工具箱包括许多具有强大功能的工具，使用这些工具可以在绘制和编辑图形的过程中制作出精美的效果，如图1-8所示。

要使用某种工具，直接单击工具箱中的该工具即可。工具箱中的许多工具并没有直接显示出来，而是以成组的形式隐藏在右下角带小三角形的工具按钮中，用鼠标按住该工具不放，即可弹出展开式工具条，将其拖拽出来，可显示为固定的工具条，如图1-9所示。

图1-8　工具箱　　　　　　　　　　　　　　　图1-9　转换为固定工具条

 拖出工具箱后，双击工具箱标题栏，即可使工具箱与CorelDRAW工作界面结合，恢复原位。

6. 绘图工作区

页面外的空白区域。可以在这里自由地绘图，完成后移动到页面中。绘图工作区域的对象不被打印。

7. 绘图页面

在绘图页面中设定打印纸张的大小，页面中的图形才会被正确打印。

8. 状态栏

显示图形对象的名字、位置、格式、大小、填色、外框等信息。

9. 泊坞窗

提供更方便的操作和组织管理对象的方式。在绘图的过程中，可一直打开它以访问常用的操作，或试验不同的效果。"泊坞窗"可以泊于应用程序的边缘，也可以使其泊出，"泊坞窗"泊入后，可以将它最小化，使它不占用屏幕空间。

10. 调色板

调色板是存放颜色的地方，CorelDRAW X4已经调配好了相当丰富的颜色，直接从中选择不同的颜色来使用就可以，用户也可以自定义喜欢的颜色作为一个专用色盘。

1.3　文件的基本操作

在CorelDRAW X4中，绘图不一定要有复杂和高深的绘图基础。在不断使用CorelDRAW的过程中，就会发现绘图是很简单、很轻松的事情，编者先带领读者了解CorelDRAW X4中文件的基本操作，这也是进行创作的基础步骤。

1. 新建和打开文件

·新建文件：如果还没有进入操作界面，可以在欢迎界面中单击"新建空文件"图标，即可建立一个新的文件。单击"从模板新建"图标，可以快速创建具有固定格式的文件，如图1-10所示。选择"文件"|"新建"命令，或按Ctrl+N快捷键，或在标准工具栏上单击"新建"按钮 也可以新建文件，并可以在属性栏中调整页面尺寸的大小。

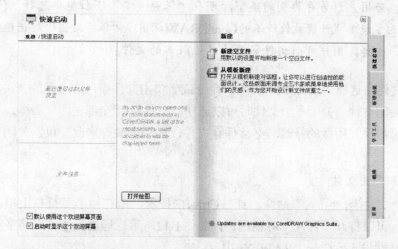

图1-10　CorelDRAW X4欢迎界面

·打开文件：选择"文件"|"打开"命令，或按Ctrl+O快捷键，或在标准工具栏上单击"打开"按钮 ，可以打开文件。在欢迎界面中单击"打开绘图"按钮，可以通过弹出的"打开绘图"对话框打开需要的图形文件，如图1-11所示。

图1-11　"打开绘图"对话框

如果有使用过的文件，欢迎界面中会显示出文件的名称，单击相应的文件名称，就可以打开对应的图形文件。

2. 保存和关闭文件

· 保存文件：选择"文件"I"保存"命令，或按Ctrl+S快捷键，或在标准工具栏上单击"保存"按钮🖫，保存文件。也可以选择"文件"I"另存为"命令或按Ctrl+Shift+S快捷键来保存或更名保存文件。

 CorelDRAW X4文件默认的保存类型是.cdr，即文件被保存为以.cdr为后缀的文件。若用户想另存为别的类型，可在"保存类型"下拉框中选择。CorelDRAW X4为了使其文件能被低版本的CorelDRAW调用，"保存绘图"对话框还提供"版本"选择，用户可将文件保存为其他版本的文件。

· 关闭文件：选择"文件"I"关闭"命令或者单击文件窗口右上角的"关闭"按钮×，即可关闭文件。关闭多个文件时可以选择"文件"I"全部关闭"命令，在关闭文件之前如果想保存所做的修改，必须保存文件，如果要放弃修改，可以关闭文件而不进行保存。

3. 导入和导出文件

· 选择"文件"I"导入"命令，或按Ctrl+I快捷键，或在标准工具栏上单击"导入"按钮🖫，可以打开"导入"对话框，，如图1-12所示。通过操作可以将多种格式的图形图像文件导入到CorelDRAW X4中。

图1-12　"导入"对话框

· 选择"文件"I"导出"命令，或按Ctrl+E快捷键，或者在标准工具栏上单击"导出"按钮🖫，可以将图形导出为选定的文件格式。

1.4　页面的设置和显示

在应用CorelDRAW X4设计制作前，首先要设置好作品的尺寸，CorelDRAW X4预设了多种页面样式供用户选择。在利用CorelDRAW X4绘图的过程中，经常通过改变绘图页面的显示模式及显示比例来更加详细地观察所绘图形的整体或局部。

1. 页面的设置

- 设置页面大小：利用"选择工具" 的属性栏可以轻松地进行CorelDRAW页面的设置，如图1-13所示。在属性栏中可以设置纸张的类型/大小、纸张的高度和宽度、纸张的方向等。选择"版面"|"页面设置"命令，弹出"选项"对话框，如图1-14所示。选择"大小"选项，在对话框中可以对页面的纸张类型、大小和方向等进行设置，还可以设置页面出血、分辨率等。

图1-13　"选择工具"属性栏

- 设置版面样式：选择"版面"选项，在对话框中可以选择版面的样式。选择"对开页"复选框可以在屏幕上同时显示相连的两页，通过使用该选项可以创建横跨两页的对象，从而增加作品的幅度，使其引人注目，如果需要可以指定文档是从右边显示，还是从左边显示，如图1-15所示。

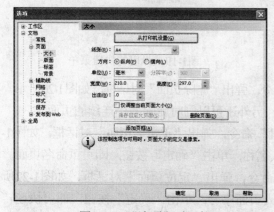

图1-14　"选项"对话框

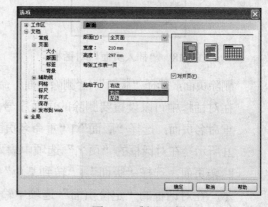

图1-15　版面设置

- 设置标签类型：选择"标签"选项，此时对话框中汇集了由多家标签制造商设计的许多种标签格式供用户选择，在打印时会根据打印纸张的大小来自动排列对象，如图1-16所示。

- 设置页面背景：选择"背景"选项，在对话框中可以选择单色或位图图像作为绘图页面的背景，如图1-17所示。

- 设置多页面文件：在CorelDRAW X4中进行绘图工作时，经常需要在同一个文件中添加多个空白页面、删除页面或重命名页面。

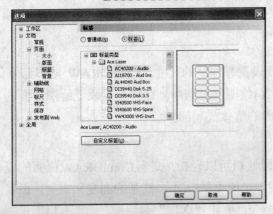
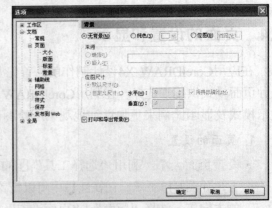

图1-16　设置标签类型　　　　　　　　　　图1-17　设置页面背景

插入页面：选择"版面"|"插入页"命令，弹出"插入页面"对话框，如图1-18所示。在对话框中可以设置插入页面数目、位置、页面大小和方向等选项。在CorelDRAW X4页面控制栏的页面标签上单击鼠标右键，弹出如图1-19所示快捷菜单，在菜单中选择插入页的命令，插入新页面。

图1-18　"插入页面"对话框　　　　　　　　图1-19　弹出的快捷菜单

删除页面：选择"版面"|"删除页面"命令，弹出"删除页面"对话框，如图1-20所示。在对话框中可以设置要删除的页面序号，另外还可以同时删除多个连续的页面。

重命名页面：选择"版面"|"重命名页面"命令，弹出"重命名页面"对话框，如图1-21所示。在对话框的"页名"选项中输入名称，单击"确定"按钮，即可重命名页面。

跳转页面：选择"版面"|"转到某页"命令，弹出"定位页面"对话框，如图1-22所示。在对话框的"定位页面"选项中输入页面序号，单击"确定"按钮，即可快速转到需要的页面。

图1-20　"删除页面"对话框　　　图1-21　"重命名页面"对话框　　　图1-22　"定位页面"对话框

2. 页面的显示

- 视图显示模式：使用"视图"菜单来选择适当的视图显示模式，不同的视图模式显示不同的效果，如图1-23～图1-26所示。

图1-23 正常模式

图1-24 线框模式

图1-25 草稿模式

图1-26 增强模式

- 视图的缩放与平移：在绘图过程中，有时需要查看某一图形或制图的某一部分，CorelDRAW X4提供了"缩放工具" 和"手形工具" ，可以对绘图的页面及大小进行任意的放大、缩小和移动。

缩放工具：缩小绘图页面可以得到更全面的浏览，放大绘图页面可以对绘图对象进行更细致的加工，"缩放工具" 属性栏如图1-27所示。

图1-27 "缩放工具"属性栏

如果双击"缩放工具" ，可以查看全部对象。按下F9快捷键，可以在全屏状态下显示绘图区中的图形。选择"视图" | "页面排序器视图"命令，可以将多个页面同时显示出来。

手形工具："手形工具" 用于移动整个页面，但是不改变图形的大小。在使用其他工具时，按住H键可切换至手形工具，然后拖动即可移动页面。双击鼠标，可以放大显示图像，单击鼠标右键可以缩小显示图像。

1.5 查找和替换

CorelDRAW X4的查找和替换向导允许搜索各种常规对象以及指定属性的对象。查找向导将指导如何一步步查找绘图中满足指定条件的对象，完成搜索之后，可以保存搜索条件，以便以后使用。在处理文本对象中查找和替换显得很重要。

1. 查找

"查找"向导可以标识对象，这些对象所匹配的搜索条件是指定给具有特定属性的图形和文本对象；也可以搜索与绘图中选定对象的条件相匹配的对象。

- 对象查找：就像在Word中一样，在CorelDRAW中也可以对对象进行查找，选择"编辑" | "查找和替换" | "查找对象"命令，弹出"查找向导"对话框，如图1-28所示。选择"开始新的搜索"单选按钮，表示开始新的搜索，单击"下一步"按钮，弹出对话框如图1-29所示。在对话框中设置需要查找的对象及属性，单击"下一步"继续查找，按照向导进行操作直到结束。按照操作提示逐步查找直到查找结束，如果找到了，显示查找到的对象，如果没有找到，系统提示对话框如图1-30所示。

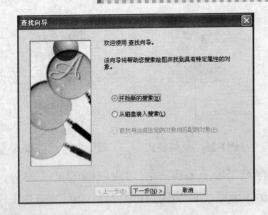

图1-28　"查找向导"对话框

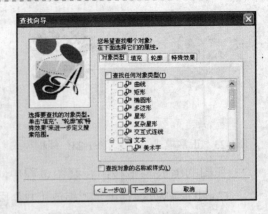

图1-29　设置查找的对象类型

如果选择"从磁盘装入搜索"单选按钮，表示可以装入预设的或以前保存过的搜索条件，单击"下一步"按钮，"打开"对话框如图1-31所示。

图1-30　提示对话框

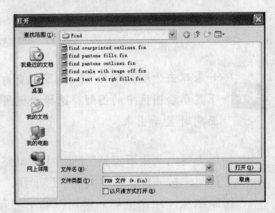

图1-31　"打开"对话框

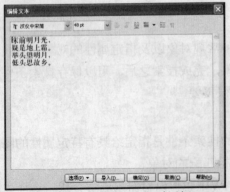

图1-32　"编辑文本"对话框

• 文本查找：同样，在进行文本编辑时也可以对文本进行查找。选择创建的文本，在属性栏中单击"编辑文本"按钮，弹出"编辑文本"对话框，如图1-32所示。单击"选项"按钮，弹出如图1-33所示的菜单。在弹出菜单中选择"查找文本"选项，弹出"查找下一个"对话框，如图1-34所示。在"查找"文本框中键入所需要查找的文字，然后单击"查找下一个"按钮，如果找到需要的文本，则文本会突出显示，如图1-35所示。如果查找到文本最后，继续单击"查找下一个"按钮，系统会弹出如图1-36所示的提示对话框。如果需要区分大小写，请选中"区分大小写"复选框。

2. 替换

"替换"向导将指导完成对颜色、调色板轮廓笔属性、字体、字号大小等的替换。对于文本，既可以搜索特定的文本字符，也可以搜索具有指定属性的文本。比如搜索粗斜体、48

磅大小，并用非粗体、字体大小为10磅的文本进行替换。

图1-33　弹出菜单

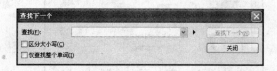

图1-34　"查找下一个"对话框

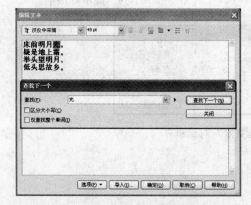

图1-35　突出显示查找文本

图1-36　提示对话框

- 对象替换：选择"编辑"|"查找和替换"
  |"替换对象"命令，弹出"替换向导"对
  话框，如图1-37所示。
  替换颜色：表示可以用其他颜色替换指定
  的颜色。
  替换颜色模型或调色板：表示用其他颜色
  模型或调色板替换当前指定的颜色模型或
  调色板。
  替换轮廓笔属性：表示可以替换绘图中指
  定的轮廓笔属性。

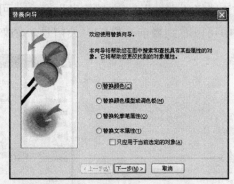

图1-37　"替换向导"对话框

　　替换文本属性：表示可以用其他文本替换当前指定的文本属性。
　　单击"下一步"弹出如图1-38所示的对话框。在上面设定好替换设置后，单击"完成"
按钮，替换向导将替换匹配搜索条件的第一个对象属性，如果没有找到替换信息，则显示对
话框如图1-39所示。
　　替换文本：在编辑文本时，也可以对文本进行替换。选择创建的文本，选择"编辑"
|"查找和替换"|"替换文本"命令，打开"替换文本"对话框，如图1-40所示。在
"查找"输入框中键入需要查找的内容，在"替换为"输入框中键入需要替换的内容，
设置完毕后单击"查找下一个"按钮，找到对象后，单击"替换"按钮，即可替换内
容，根据需要可以再次单击"查找下一个"按钮找到下一对象。如果所有的对象都需
要替换，可以直接单击"全部替换"按钮，替换所有对象。

图1-38　设置替换颜色

图1-39　提示对话框

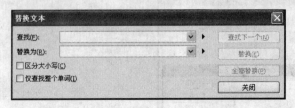

图1-40　"替换文本"对话框

1.6　文档信息

　　用户可以通过"文档信息"对话框查看当前文档的存放位置、文件大小、页面尺寸等参数。选择"文件"|"文档信息"命令，可打开"文档信息"对话框，如图1-41所示。在对话框中可以看到当前文件的有关信息，例如存放位置、文件大小、分辨率、图形对象等。

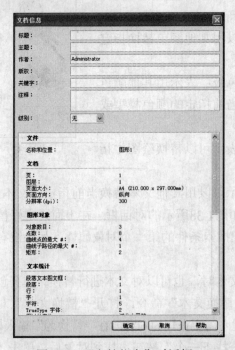

图1-41　"文档信息"对话框

课后练习

1. 简答题

（1）CorelDRAW X4工作界面由哪几部分组成？

（2）矢量图形和位图图像的主要区别是什么？

（3）如何设置页面背景？

（4）如何插入页面？

（5）如何查找和替换文本？

2. 操作题

（1）启动CorelDRAW X4，熟悉操作界面。将鼠标指针停留在工具箱中的各个工具按钮上，查看一下每个工具名称和快捷键，并查看菜单中都包含哪些命令。

（2）启动CorelDRAW X4，新建一个多页面的带有标签的文件，并练习文件的打开、关闭、保存、导入、导出等操作。

第2课

绘制和编辑图形

本课知识结构

CorelDRAW X4绘制和编辑图形的功能非常强大，在不断使用CorelDRAW X4的过程中，会发现绘图是很简单、很轻松的事情。可以对CorelDRAW X4中的任何一个图形进行移动、旋转、镜像等操作。本课将学习绘制和编辑图形的方法和技巧，为进一步学习CorelDRAW X4打下坚实的基础。

就业达标要求

☆ 矩形和椭圆形工具　　　　　　☆ 多边形和星形工具

☆ 图纸工具和螺纹工具　　　　　☆ 基本形状工具

☆ 选取、复制、移动图形　　　　☆ 变换图形

2.1　实例：卡通插画（绘制基本图形）

椭圆形、矩形、多边形等简单形状构成了CorelDRAW X4绘图的基础，任何复杂的图形都是由这些简单的基本构图元素组成的。只有学会了基本图形工具的使用，才可以绘制出较复杂的图形来。

下面将以"卡通插画"为例，详细讲解基本图形工具的使用方法。绘制完成的"卡通插画"效果如图2-1所示。

1. 绘制矩形

（1）选择"文件" | "打开"命令，或按Ctrl+O快捷键，或者在标准工具栏上单击"打开"按钮📂，打开"配套资料\Chapter-02\卡通插画素材.cdr"文件，如图2-2所示。

图2-1　卡通插画

图2-2　素材文件

（2）使用"矩形工具"  可以绘制矩形、正方形和圆角矩形，使用"3点矩形工具" 可以直接绘制倾斜的矩形。选择"矩形工具" ，在绘图页面中拖动，释放鼠标后即可绘制矩形，如图2-3所示。

（3）按住Shift键拖动，可以绘制以鼠标按下点为中心，向四周扩展的矩形。按住Ctrl键拖动，则可以绘制正方形。按住Ctrl+Shift键拖动，可以绘制以鼠标按下点为中心，向四周扩展的正方形，如图2-4所示。

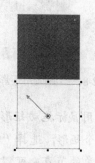

图2-3　绘制矩形　　　　　　　　　　　　　　　图2-4　绘制正方形

（4）双击"矩形工具" ，可以绘制出一个和绘图页面大小一样的矩形，如图2-5所示。

图2-5　创建与绘图页面大小一样的矩形

 在工具箱中单击"3点矩形工具" ，然后在绘图页面中拖出一条任意方向的线段作为矩形的一条边，再拖动确定另一条边，就可以创建一个任意起始或倾斜角度的矩形，如图2-6所示。

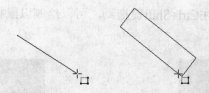

图2-6　直接绘制倾斜矩形

2. 绘制圆角矩形

（1）选择"矩形工具" 后，会显示对应的属性栏，如图2-7所示。用户可以通过改变属性栏中 的数值来设置矩形圆角度数，从而得到圆角矩形，如图2-8所示，数值的有效范围在0～100之间，数值越大，矩形边角越圆滑。

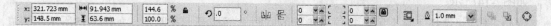

图2-7　"矩形工具"属性栏

（2）单击右上角的"全部圆角"按钮，改变其中一个数值，其他3个数值将会一起改变，此时矩形的圆角程度相同，反之，则可以设置不同的圆角度，如图2-9所示。

图2-8　绘制圆角矩形

图2-9　绘制不同圆角度的圆角矩形

> **技巧**
>
> 如何使用鼠标拖动矩形节点绘制圆角矩形？
>
> 绘制一个矩形，选择"形状工具"![shape tool]，选中矩形边角的节点。按住鼠标左键拖动矩形边角的节点，可以改变边角的圆角程度，释放鼠标，圆角矩形效果如图2-10所示。

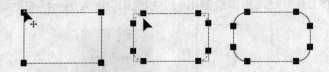

图2-10　使用鼠标拖动矩形节点绘制圆角矩形

3. 绘制椭圆形

（1）使用"椭圆工具"![ellipse]可以绘制椭圆形、圆形、饼形和弧形，使用"3点椭圆工具"![3point]可以直接绘制倾斜的椭圆形。选择"椭圆工具"![ellipse]，然后在绘图页面中拖动，释放鼠标后即可绘制椭圆形，如图2-11所示。

（2）按住Shift键拖动，可以绘制以鼠标按下点为中心，向四周扩展的椭圆形。按住Ctrl键拖动，则可以绘制圆形。按住Ctrl+Shift键拖动，可以绘制以鼠标按下点为中心，向四周扩展的圆形，如图2-12所示。

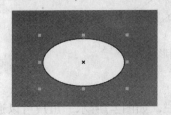

图2-11　绘制椭圆形

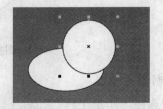

图2-12　绘制圆形

（3）如图2-13所示，继续绘制多个椭圆形和圆形。使用同样的方法绘制另一朵云彩图形，如图2-14所示。

（4）选择"选择工具"![select]，按住Shift键的同时选择椭圆形和圆形，如图2-15所示。将鼠标移动到"默认CMYK调色板"上方的⊠按钮上，单击鼠标右键，取消轮廓线的填充，如图2-16所示。

图2-13　绘制多个椭圆形和圆形

图2-14　绘制云彩图形

图2-15　选取图形

图2-16　去除图形轮廓色

 在工具箱中单击"3点椭圆工具"，然后在绘图页面中拖出一条任意方向的线段作为椭圆的一个轴，再拖动确定另一轴，可以绘制出椭圆形，如图2-17所示。

图2-17　直接绘制倾斜椭圆形

4. 绘制饼形和弧形

（1）如图2-18所示为"椭圆工具"属性栏，单击属性栏中的"椭圆形"按钮，可以绘制椭圆形，单击"饼形"按钮，可以绘制饼形图形，单击"弧形"按钮，可以绘制弧形图形，如图2-19所示。选中椭圆形，单击"饼形"按钮或"弧形"按钮，可以使椭圆形在饼形和弧形之间转换。

图2-18　"椭圆形工具"属性栏

图2-19　使用"椭圆工具"绘制饼形和弧形

（2）通过改变属性栏中  的数值来调整饼形与弧形图形起始角至结束角的角度大小，如图2-20所示。单击属性栏按钮，可以使饼形图形或弧形图形的显示部分与缺口部分进行调换，如图2-21所示。

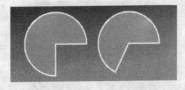

图2-20　调整饼形与弧形起始和结束角度大小　　　图2-21　单击 按钮前后的图形对比效果

 如何使用鼠标拖动椭圆形节点绘制饼形和弧形？

绘制一个椭圆形，选择"形状工具" ，单击轮廓线上的节点。按住鼠标左键向内拖动节点，释放鼠标，椭圆形变成饼形；向外拖动轮廓线上的节点，椭圆形变成弧形，如图2-22所示。

图2-22　使用鼠标拖动椭圆形节点绘制饼形和弧形

5. 绘制多边形

（1）使用"多边形工具" 可以绘制多边形图形。选择"多边形工具" ，然后在绘图页面中拖动，释放鼠标后即可绘制多边形，如图2-23所示。

（2）按住Shift键拖动，可以绘制以鼠标按下点为中心，向四周扩展的多边形。按住Ctrl键拖动，则可以绘制正多边形。按住Ctrl+Shift键拖动，可以绘制以鼠标按下点为中心，向四周扩展的正多边形，如图2-24所示。

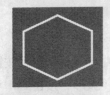

图2-23　绘制多边形　　　　　　　　　　图2-24　绘制正多边形

（3）如图2-25所示为"多边形工具" 属性栏，在 中输入数值用于设置多边形的边数，如图2-26所示。

图2-25　"多边形工具"属性栏

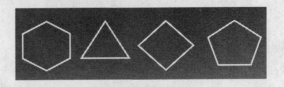

图2-26　设置多边形的边数

技巧　如何使用鼠标拖动多边形节点绘制星形？

绘制一个多边形，选择"形状工具"，单击轮廓线上的节点。按住鼠标左键向内或向外拖动节点，释放鼠标，多边形变成星形，如图2-27所示。

图2-27　使用鼠标拖动多边形节点绘制星形

（4）如图2-28所示，绘制多个多边形，然后选择"选择工具"，按住Shift键，选择星形，单击"默认CMYK调色板"上方"白"颜色色块，为图形填充白色，如图2-29所示。

图2-28　绘制多个多边形　　　　　　　　图2-29　为图形填充白色

6. 绘制星形与复杂星形

（1）使用"星形工具"和"复杂星形工具"可以绘制星形图形。选择"星形工具"，然后在绘图页面中拖动，释放鼠标后即可绘制星形，如图2-30所示。

（2）按住Shift键拖动，可以绘制以鼠标按下点为中心，向四周扩展的星形。按住Ctrl键拖动，则可以绘制正星形。按住Ctrl+Shift键拖动，可以绘制以鼠标按下点为中心，向四周扩展的正星形，如图2-31所示。

图2-30　绘制星形　　　　　　　　　　　图2-31　绘制正星形

（3）如图2-32所示为"星形工具"属性栏，在☆ 5 中输入数值用于设置星形的边数，效果如图2-33所示。

| x: -196.396 mm | ↔ 89.415 mm | 100.0 | % | | .0 | | | ☆ 5 | ▲ 53 | | | .2 mm | | |
| y: 267.846 mm | ↕ 51.899 mm | 100.0 | % | | | | | | | | | | | |

图2-32　"星形工具"属性栏

（4）在▲ 53 中输入数值用于设置星形图形边角的锐化程度，效果如图2-34所示。

（5）选择"复杂星形工具"，在绘图页面中拖动，释放鼠标后即可绘制复杂星形。按住Ctrl键拖动，则可以绘制正复杂星形，如图2-35所示。"复杂星形工具"属性栏与"星形工具"〰属性栏相同。

图2-33 设置星形的边数

图2-34 设置星形锐度

图2-35 绘制复杂星形、正复杂星形

（6）如图2-36所示，绘制多个星形，为星形填充白色，取消轮廓线的填充。

（7）使用"选择工具"〰选择多边形和星形，选择"交互式透明工具"〰，在属性栏"透明类型"〰中选择"标准"透明类型；在"透明中心点"〰〰〰中调节透明度，0为不透明，100为全部透明，如图2-37所示效果。

（8）卡通插画绘制完成后按Ctrl+Shift+S快捷键，将文件另存。

图2-36 绘制多个星形

图2-37 效果图

2.2 实例：时尚螺旋花纹（图纸工具和螺纹工具）

使用"图纸工具"〰可以绘制网格图形，使用"螺纹工具"〰可以绘制对称式螺纹和对数式螺纹。

下面将以"时尚螺旋花纹"为例，详细讲解图纸工具和螺纹工具的使用方法，绘制完成的"时尚螺旋花纹"效果如图2-38所示。

1. 绘制网格图形

（1）按下Ctrl+N快捷键，新建一个图形文件。

（2）选择"图纸工具"〰，会显示如图2-39所示的属性栏，在〰中设置行数为40，列数为40。

图2-38 时尚螺旋花纹

图2-39 设置网格的行数和列数

（3）选择"图纸工具"〰在绘图页面中拖动鼠标，释放鼠标后即可绘制出网格图形，如图2-40所示。

（4）按住Shift键拖动，可以绘制以鼠标按下点为中心，向四周扩展的网格图形。按住Ctrl键拖动，则可以绘制正网格图形。按住Ctrl+Shift键拖动，可以绘制以鼠标按下点为中心，向四周扩展的正网格图形，如图2-41所示。

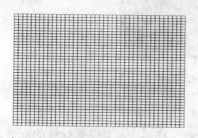

图2-40 绘制网格图形

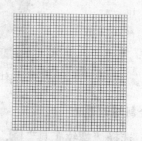

图2-41 绘制正网格图形

（5）使用"选择工具"，选择网格图形，选择"窗口"｜"泊坞窗"｜"颜色"命令，弹出"颜色"泊坞窗，设置颜色为（C36，M0，Y96，K4），如图2-42所示，然后单击"填充"按钮，为网格图形填充颜色，如图2-43所示。

图2-42 "颜色"泊坞窗

图2-43 为网格图形填充颜色

（6）使用"选择工具"，选择网格图形，单击"轮廓工具"，弹出"轮廓工具"的展开工具栏，选择"画笔"选项，弹出"轮廓笔"对话框，设置轮廓线颜色为（K25），宽度为0.1mm，如图2-44所示，然后单击"确定"按钮，得到图2-45所示效果。

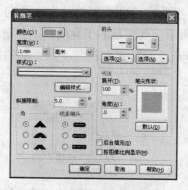

图2-44 "轮廓笔"对话框

图2-45 设置网格图形轮廓线

使用"选择工具"，选择网格图形，然后选择"排列"｜"取消群组"命令，或按Ctrl+U快捷键，或单击属性栏上的"取消群组"按钮，可以取消网格图形的群组状态，如图2-46所示。选择"排列"｜"取消全部群组"命令，或单击属性栏上的"取消全部群组"按钮，可以取消所有网格图形的群组状态。

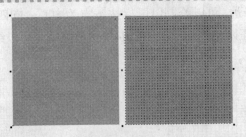

图2-46　取消网格图形的群组状态

2. 绘制螺纹图形

（1）选择"螺纹工具" ，属性栏如图2-47所示，在 <input>5</input> 中设置螺纹的圈数。

图2-47　设置螺纹的圈数

（2）在绘图页面中从左上角向右下角拖动鼠标，释放鼠标后即可绘制对称式螺纹，如图2-48所示。如果从右下角向左上角拖动鼠标，释放鼠标后即可绘制反向的对称式螺纹，如图2-49所示，对称式螺纹每一圈之间的距离都相等。

图2-48　绘制对称式螺纹

图2-49　绘制反向的对称式螺纹

技巧　按住Shift键拖动，可以绘制以鼠标单击点为中心，向四周扩展的螺纹图形。按住Ctrl键拖动，则可以绘制正圆螺纹图形。按住Ctrl+Shift键拖动，可以绘制以鼠标按下点为中心，向四周扩展的正圆螺纹图形。

（3）在属性栏中单击"对数式螺纹"按钮，然后在绘图页面中从左上角向右下角拖动鼠标，释放鼠标后即可绘制对数式螺纹，如图2-50所示。如果从右下角向左上角拖动鼠标，释放鼠标后即可绘制反向的对数式螺纹，如图2-51所示，对数式螺纹每一圈之间的距离不相等，是逐渐变大的。

图2-50　绘制对数式螺纹

图2-51　绘制反向的对数式螺纹

图2-52　设置不同的螺纹扩展参数时螺纹的对比效果

（4）在属性栏 <input>65</input> 中可以设置螺纹的扩展参数，数值越大，螺纹向外扩展的幅度会逐渐变大，如图2-52所示。

（5）参照图2-53绘制多个螺纹图形，使用"选择工具"选择螺纹图形，然后在属性栏 <input>3.0 mm</input> 中设置不同的轮廓线宽度，设置轮廓线颜色为白色，效果如图2-54所示。

图2-53　绘制多个螺纹图形

图2-54　设置螺纹图形轮廓线颜色和宽度

（6）选择"选择工具" ，按住Shift键，选取螺纹图形，选择"排列"|"将轮廓转换为对象"命令，或按Ctrl+Shift+Q快捷键，将螺纹图形轮廓线转换为对象。

（7）使用"选择工具" 选取螺纹图形，然后单击"填充工具" ，弹出"填充工具" 的展开工具栏，选择"渐变"选项，弹出"渐变填充"对话框，设置各选项及参数，如图2-55所示。

（8）单击"确定"按钮，螺纹图形填充从白色到浅绿色（C36，M0，Y96，K4）线性渐变，效果如图2-56所示。

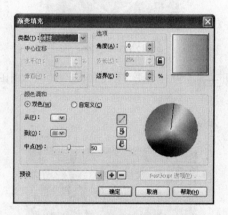

图2-55　设置渐变填充

图2-56　螺纹图形填充的线性渐变

（9）时尚螺旋花纹图形绘制完成，按Ctrl+S快捷键，将文件保存。

2.3　实例：心形许愿树（基本形状工具）

"基本形状工具"包括"基本形状工具" 、"箭头形状工具" 、"流程图形状工具" 、"标题形状工具" 和"标注形状工具" 5种，这5种工具的属性栏基本相同，如图2-57所示。区别在于，选取这5种不同的工具时，属性栏中的"完美形状"按钮 将以不同的形态存在，单击"完美形状"按钮 ，将弹出相对应的形状图形面板，如图2-58所示。

图2-57　基本形状工具属性栏

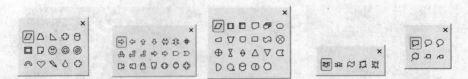

图2-58　形状图形面板

下面将以"心形许愿树"为例，详细讲解基本形状工具的使用方法，绘制完成的"心形许愿树"效果如图2-59所示。

绘制图形

（1）按下Ctrl+N快捷键，新建一个图形文件。

（2）使用"基本形状工具"可以绘制心形、圆柱、笑脸、箭头等图形，单击面板中的"心形"图形，在绘图页面中拖动鼠标，即可绘制出心形形状，如图2-60所示。

图2-59　心形许愿树

图2-60　绘制心形

（3）单击属性栏中的"轮廓样式选择器"按钮——，弹出轮廓样式面板，为绘制出的心形图形选择不同的轮廓样式，效果如图2-61所示。

（4）在属性栏 45.0 中设置不同的旋转角度，如图2-62所示。

图2-61　设置不同轮廓样式

图2-62　旋转心形图形

（5）参照图2-63所示绘制多个心形图形，设置不同的填充颜色，并设置不同的轮廓线宽度、颜色和样式。

技巧　绘制一个基本形状，单击要调整的基本图形的红色菱形符号并按住鼠标左键不放，拖动红色菱形符号，可以将基本形状调整为所需的形状，松开鼠标，效果如图2-64所示。在流程图形状中没有红色菱形符号，所以不能进行调整。

图2-63　绘制多个心形图形

图2-64　调整基本形状图形

2.4 表格的创建与编辑

在CorelDRAW X4中，提供了一些与以往版本不同的新功能，其中加强了表格的使用功能，用户可利用系统中提供的相关命令在文档中创建表格，并进行相关的编辑，操作起来十分方便。

1. 创建新表格

选择"表格"|"新建表格"命令，可打开"新建表格"对话框，如图2-65所示。在该对话框中可以设置表格的"行数"、"列数"、"高度"及"宽度"等参数，可以直接输入，也可以通过微调按钮来调整。设置完毕后，单击"确定"按钮，即可在绘图页中创建出一个表格，如图2-66所示。

图2-65 "新建表格"对话框

图2-66 创建表格

除了可以运用命令创建表格外，还可以利用工具箱中的"表格工具"⊞来创建表格。具体操作是，只需选择"表格工具"⊞，在绘图页面中单击并拖动鼠标，松开鼠标后，即可创建出一个表格。

2. 文本转换为表格

选择"表格"|"转换文本为表格"命令，可打开"转换文本为表格"对话框，用户可以在该对话框中设置创建表格时用来区分列的分隔符，设置完毕后，单击"确定"按钮，即可将段落文本转换为表格，如图2-67~图2-69所示。

图2-67 段落文本

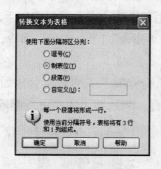

图2-68 "转换文本为表格"对话框

图2-69 转换为表格

3. 合并与拆分单元格

CorelDraw X4提供了用于合并与拆分单元格的命令和按钮，具体介绍如下。

· 合并单元格：选中表格的多个单元格，然后选择"表格"|"合并单元格"命令，被选中的单元格即被合并，如图2-70和图2-71所示。选中需要合并的单元格后，单击属性

栏中的"合并选定单元格"按钮图，会产生与使用"合并单元格"命令相同的效果。

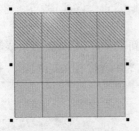
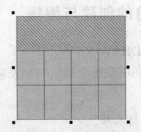

图6-70　选择单元格　　　　　　　　　　　　图6-71　合并单元格

- 拆分单元格：在"表格"菜单中，提供了"拆分行"、"拆分列"、"拆分单元格"三项命令，其中"拆分单元格"命令可以将合并的单元格拆分。当选择"拆分行"或"拆分列"命令时，会弹出"拆分单元格"对话框，在该对话框中可设置拆分行或列的参数，如图2-72和图2-73所示。另外，选中要拆分的单元格后，单击属性栏中的"拆分单元格为指定行数"按钮回、"拆分单元格为指定列数"按钮回以及"拆分已合并的单元格"按钮图，可产生与相应命令相同的效果。

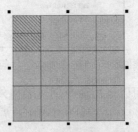

图2-72　"拆分单元格"对话框　　　　　　　图2-73　拆分单元格为行

4. 插入与删除行和列

- 插入行和列：创建完表格后，首先要将光标移动至表格的边缘，当光标变为水平箭头后，单击表格中的一行，即将该行选中，或者选中一个或多个单元格，此时，选择"表格"|"插入"命令，才会弹出一个被激活的子菜单（不选择表格内容该子菜单呈灰色），如图2-74所示。利用其中的命令，可以进行手动插入行和列的操作，例如选择一行后，再选择"表格"|"插入"|"上方行"命令，即会在选中的一行上方插入新的一行，如图2-75所示。
- 删除行和列：选择"表格"|"删除"命令，会弹出如图2-76所示的子菜单，利用其中的命令，可以对表格中的行、列或整个表格进行删除。

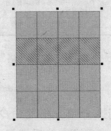

图2-74　"插入"命令子菜单　　　　图2-75　插入行　　　　图2-76　"删除"命令子菜单

5. 设置表格边框

在CorelDRAW X4中，如果需要在创建表格后设置表格的外框属性，可以直接在属性栏中完成。选择"表格工具"后，属性栏中设置表格边框区域中的内容被激活，在其中可设置轮廓宽度、轮廓颜色等属性，具体介绍如下。

- 边框：创建好表格后，单击属性栏中的"边框"按钮 ▣，会弹出一个面板，其中陈列了表格边框的各个部分，如图2-77所示。用户可根据需要选择要对边框的哪一部分进行设置，选择后才可以设置其他方面的属性。
- 轮廓宽度：创建表格或选择表格后，在"轮廓宽度"下拉列表中提供了多种轮廓宽度设值，用户可根据需要选择。设置完毕后，即可在页面中看到效果，如图2-78所示。
- 轮廓颜色：创建表格或选择表格后，用户可在轮廓颜色下拉列表中选择表格的轮廓色，选择完毕后，即可在页面中看到效果，如图2-79所示。

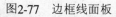

图2-77　边框线面板　　　　图2-78　增加表格外框宽度　　　图2-79　更改表格的轮廓颜色

> 如果想要改变表格中行、列或单元格以及整个表格的颜色，只需选择相应的表格组件，然后在调色板中选择颜色即可。

2.5　实例：风景插画（编辑对象）

CorelDraw X4提供了强大的对象编辑功能，包括对象的选取、复制、缩放、移动、镜像、旋转、倾斜等。

下面将以"风景插画"为例，详细讲解对象的编辑功能，绘制完成的"风景插画"效果如图2-80所示。

图2-80　风景插画

图2-81　选取图形

1. 选取对象

（1）按下**Ctrl+N**快捷键，新建一个图形文件，单击属性栏中的"横向"按钮，页面显示为横向。

（2）使用"矩形工具"在页面中绘制一个矩形，为图形填充浅蓝到深蓝的线性渐变，取消轮廓线的填充，使用"选择工具"在要选取的矩形上单击，即可选取该矩形，如图2-81所示。

（3）选择"椭圆工具"，按Ctrl键绘制大小不等的多个正圆形，选取一个圆形，按住Shift键的同时单击其他圆形，即可加选其他圆形，如图2-82所示，然后单击属性栏中的"焊接"按钮，得到如图2-83所示效果。

图2-82　选取多个图形

图2-83　焊接图形

技巧　按住Shift键单击其他图形，即可加选其他图形，如果单击已选取的图形，则取消选择。当许多图形重叠在一起时，按住Alt键，可以选择最上层图层后面的图形。按住Ctrl键，用鼠标单击可以选取群组中的单个图形。

（4）选择"选择工具"，在绘图页面中要选取的图形外围单击并拖动鼠标，拖动后会出现一个虚线圈选框，在选框完全框选住图形后释放鼠标，多个图形被选中，如图2-84所示。在框选的同时按住Alt键，选框中的对象都将被选取。

图2-84　框选图形

（5）可以通过选择"编辑" | "全选"子菜单下的各个命令来选取图形，按Ctrl+A快捷键或双击"选择工具"，可以选取绘图页面中的全部图形。

2. 移动对象

（1）利用"选择工具"选取焊接图形，选取的焊接图形周围会出现8个控制手柄，将鼠标光标放置在图形上，当鼠标光标显示为✛时，按住鼠标左键并拖动，即可移动选取的图形至合适位置，按住Ctrl键可在垂直或水平方向上移动图形。

（2）选取要移动的图形，用方向键可以微调图形的位置，选择"选择工具"后不选取任何图形，在属性栏 .1mm 中可以重新设定每次微调移动的距离。

（3）为焊接图形填充白色，去除轮廓线。参照上述方法，绘制另外一些云彩图形，调整成不同的大小，堆积成云朵，选取所有云彩图形，单击属性栏中的"焊接"按钮 ，得到图2-85所示效果。

（4）选取焊接的云彩图形和渐变矩形，单击属性栏中的"后减前"按钮 ，将矩形外的云彩图形修剪掉。

（5）使用"钢笔工具" 参照图2-86所示勾画两块草地，并分别为两块草地填充颜色（C32，Y94）、（C36，Y95），效果如图2-87所示。

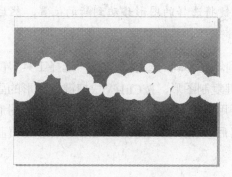

图2-85　绘制云彩图形　　　　　　　　　　图2-86　绘制草地图形

（6）参照绘制云彩的方法绘制草丛，填充深浅不一的绿色，选取草丛图形，按Ctrl+G快捷键群组，按Ctrl+PageDown快捷键将草丛置于草地图形后面，如图2-88所示。

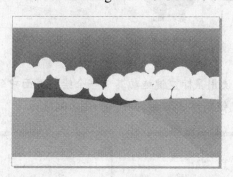

图2-87　为草地图形填充颜色　　　　　　　图2-88　绘制草丛

3. 复制对象

（1）使用"钢笔工具" 参照图2-89勾画图形，然后选取图形，按住Ctrl键的同时将图形向右侧拖动一定距离，在不释放鼠标左键的情况下单击鼠标右键，同时释放鼠标，即可将选择的图形移动复制，如图2-90所示效果。

图2-89　勾画图形　　　　　　　　　　图2-90　移动复制图形

（2）连续按3次Ctrl+D快捷键，连续再制图形，如图2-91所示，然后再次绘制一个矩形，完成篱笆的绘制，如图2-92所示。

图2-91　移动再制图形

图2-92　绘制篱笆

选取要复制的图形，按键盘右侧数字区中的"+"键，可以将选择的图形在原位置复制；按住键盘右侧数字区中的"+"键将选择的图形移动到新的位置，然后释放图形，可将该图形移动复制。

（3）使用"钢笔工具" 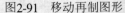勾画小树图形，分别填充不同的颜色，选择"选择工具" ，按住Shift键，选取小树图形和树干，按Ctrl+C快捷键复制图形，按Ctrl+V快捷键，图形的副本被粘贴到原图形的下面，位置和原图形是相同的，用鼠标移动图形，可以显示复制的图形，调整复制图形大小，更改颜色，如图2-93所示，然后按Ctrl+X快捷键，图形将从绘图页面中被删除并被放置在剪贴板上。

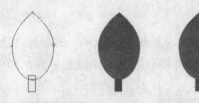

图2-93　复制、粘贴图形

可以在两个不同的绘图页面中复制对象，使用鼠标左键拖动其中一个绘图页面中的对象到另一个绘图页面中，在松开鼠标左键前单击右键即可，如图2-94所示。

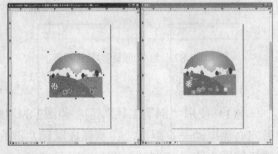

图2-94　在不同页面中复制对象

（4）选取要复制的图形，用鼠标右键拖动图形到合适的位置，松开鼠标右键后弹出快捷菜单，选择"复制"命令，完成图形的复制。

选取要仿制的图形，选择"编辑"|"仿制"命令，即可仿制图形。仿制的图形与原图形有关联，对原图形修改时，仿制的图形也会发生改变，但修改仿制图形时，原图形不会改变。

4. 缩放对象

（1）选择"椭圆工具" 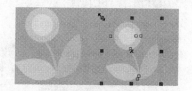和"钢笔工具" 绘制小花图形，按Ctrl+G快捷键群组图形，选择"选择工具" ，选取群组合的小花图形，图形周围出现控制手柄，用鼠标拖动控制手柄可以缩放图形，拖动对角线上的控制手柄可以按比例缩放图形，如图2-95所示。

（2）拖动中间的控制手柄可以不规则缩放图形，如图2-96所示。

图2-95　等比缩放图形

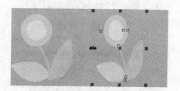
图2-96　不规则缩放图形

5. 镜像对象

（1）选取要镜像的小花图形，按住鼠标左键直接拖动控制手柄到另一边，直到出现图形的蓝色虚线，松开鼠标左键即可得到不规则的镜像图形，如图2-97所示。

（2）选取要镜像的小花图形，按住Ctrl键，直接拖动左边或右边中间的控制手柄到另一边，可以完成保持原图形比例的水平镜像，直接拖动上边或下边中间的控制手柄到另一边，可以完成保持原图形比例的垂直镜像，按住Ctrl键，直接拖动对角线上的控制手柄到相对的边，可以完成保持原图形比例的沿对角线方向的镜像，如图2-98所示。

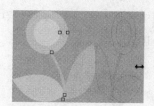
图2-97　不规则镜像图形

图2-98　水平、垂直、沿对角线方向的镜像图形

在镜像的过程中，只能使对象本身产生镜像，如要想要在镜像的位置生成一个对象的复制品，方法很简单，在松开鼠标左键之前按下鼠标右键即可。

（3）选择"椭圆工具" 、"矩形工具" 、"多边形工具" 、"钢笔工具" 绘制各种图形。群组、复制、镜像图形，为图形填充不同的颜色，房子组合图形效果如图2-99所示。

6. 旋转对象

（1）选择"选择工具" ，双击要旋转的小花图形，旋转和倾斜手柄显示为双箭头，显示中心标记，如图2-100所示。

图2-99　绘制房子

（2）将光标移动到旋转控制手柄 上，按住鼠标左键，拖动鼠标旋转图形，释放鼠标，图形旋转效果如图2-101所示。

（3）将光标移动到中心标记上，拖动中心标记以指定新的旋转中心，如图2-102所示，应用新的旋转中心后旋转图形的效果如图2-103所示。

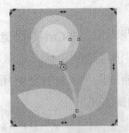

图2-100　双击图形

图2-101　旋转图形

图2-102　指定新的旋转中心

图2-103　旋转图形

7. 再制对象

（1）单击形状图形面板中的"心形"图形，在绘图页面中拖动鼠标，即可绘制出心形形状，选择"选择工具" ，选取心形图形，按Ctrl+C快捷键复制心形，按Ctrl+V快捷键粘贴心形。

（2）选择"选择工具" ，双击心形图形，旋转和倾斜手柄显示为双箭头，显示中心标记，如图2-104所示，拖动中心标记以指定旋转中心，如图2-105所示。

图2-104　双击心形图形

图2-105　指定旋转中心

（3）在属性栏 中设置旋转角度为90，旋转复制的心形如图2-106所示。

（4）连续按2次Ctrl+D快捷键，连续再制心形，效果如图2-107所示。

图2-106　旋转复制心形

图2-107　小花图案

提示

选取要复制的图形，选择"编辑" |"再制"命令，或按Ctrl+D快捷键，即可复制图形，复制的图形与原图形没有关联，是完全独立的图形。如果重新设置再制图形的位置和角度，当执行下一次"再制"命令时，再制图形与原图形的位置和角度将成为新的默认数值。

8. 倾斜变形对象

（1）选择"选择工具"，双击要倾斜变形的图形，旋转和倾斜手柄显示为双箭头，显示中心标记，如图2-108所示。

（2）将鼠标光标移动到倾斜控制手柄上，按住鼠标左键，拖动鼠标倾斜变形图形，释放鼠标，图形倾斜变形效果如图2-109所示。

图2-108　双击图形

图2-109　倾斜变形图形

9. 使用"变换"泊坞窗变换对象

（1）缩放对象。选择"选择工具"，选取要缩放的对象，选择"窗口"|"泊坞窗"|"变换"|"大小"命令，弹出"变换"泊坞窗，如图2-110所示。可以在弹出的"变换"泊坞窗中单击"大小"按钮，其中"水平"表示宽度，"垂直"表示高度，如选中不按比例复选框，就可以不按比例缩放对象，设置好需要的数值，单击"应用"按钮，对象的缩放完成。单击"应用到再制"按钮，可以复制多个缩放好的对象，如图2-111所示是可供选择的圈选框控制手柄8个点的位置，单击一个按钮以定义一个在缩放对象时保持固定不动的点，缩放的对象将基于这个点缩放，这个点可以决定缩放后的图形与原图形相对位置。

图2-110　"变换"泊坞窗

图2-111　可供选择的圈选框控制手柄

（2）移动对象。使用"选择工具"选取要移动的对象，选择"窗口"|"泊坞窗"|"变换"|"位置"命令，弹出"变换"泊坞窗，如图2-112所示。可以在弹出的"变换"泊坞窗中单击"位置"按钮，其中"水平"表示对象所在位置的横坐标，"垂直"表示对象所在位置的纵坐标，如选中相对位置复选框，对象将相对于原位置的中心进行移动。设置好需要的数值，单击"应用"按钮，完成对象的移动，单击"应用到再制"按钮，可以在移动到的新位置复制出新的对象。

（3）旋转对象。使用"选择工具"选取要旋转的对象，选择"窗口"|"泊坞窗"|"变换"|"旋转"命令，弹出"变换"泊坞窗，如图2-113所示。可以在弹出的"变换"泊坞窗中

单击"旋转"按钮 ，在"旋转"设置区的"角度"选项框中直接输入旋转的角度数值，在"中心"选项的设置区中输入旋转中心的坐标位置，选中☑相对中心复选框，对象的旋转将按选中的旋转中心旋转。设置好需要的数值，单击"应用"按钮，完成对象的旋转。

图2-112　使用"变换"泊坞窗移动对象

图2-113　使用"变换"泊坞窗旋转对象

（4）镜像对象。选取要镜像的对象，选择"窗口"｜"泊坞窗"｜"变换"｜"比例"命令，弹出"变换"泊坞窗，如图2-114所示。可以在弹出的"变换"泊坞窗中单击"缩放和镜像"按钮 ，单击"水平镜像"按钮 ◻ 可以使对象沿水平方向翻转对象，单击"垂直镜像"按钮 ◻ ，可以使对象沿垂直方向翻转镜像，如选中☑不按比例复选框，就可以不按比例镜像对象，设置好需要的数值，单击"应用"按钮，完成对象的镜像。

（5）倾斜变形对象。选取要倾斜变形的对象，选择"窗口"｜"泊坞窗"｜"变换"｜"倾斜"命令，弹出"变换"泊坞窗，如图2-115所示。可以在弹出的"变换"泊坞窗中单击"倾斜"按钮 ◻ ，设置好倾斜变形对象的数值，单击"应用"按钮，完成对象的倾斜变形。

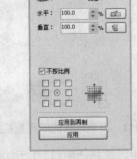

图2-114　使用"变换"泊坞窗镜像对象

图2-115　使用"变换"泊坞窗倾斜变形对象

10. 使用属性栏变换对象

（1）缩放对象。选取对象，在属性栏"对象的大小" 中可以输入对象的宽度、高度和缩放百分比，如果选择了"锁"按钮，则宽度和高度将按比例缩放，只要改变宽度和高度中的一个值，另一个值就会自动按比例调整。

（2）移动对象。选取对象，在属性栏的"对象的位置" 中输入新的横坐标值（X）和纵坐标值（Y）可以将对象移动到新的位置。

（3）旋转对象。选取对象，在属性栏的"旋转角度" ↻ 30.0 中输入数值，可以将对象旋转一定的角度。

（4）镜像对象。选取对象，单击属性栏中的"水平镜像"按钮，可以使对象沿水平方向翻转镜像，单击"垂直镜像"按钮，可以使对象沿垂直方向翻转镜像。

11. 使用"自由变换工具"变换对象

（1）选取对象。对象周围出现控制手柄。选择"形状工具"展开工具栏中的"自由变换"工具，属性栏显示为如图2-116所示状态。

图2-116 自由变换工具属性栏

（2）缩放对象。在属性栏"对象的大小"中可以输入对象的宽度、高度和缩放百分比，如果选择了"锁"按钮，则宽度和高度将按比例缩放，只要改变宽度和高度中的一个值，另一个值就会自动按比例调整，单击属性栏中的"自由调节工具"按钮，拖动鼠标也可缩放对象。

（3）旋转对象。单击属性栏中的"自由旋转工具"按钮，在属性栏中设定旋转对象的数值或用鼠标拖动对象都能产生旋转的效果。

（4）镜像对象。单击属性栏中的"自由角度镜像工具"按钮，在属性栏中单击"水平镜像"按钮，可以使对象沿水平方向翻转镜像，单击"垂直镜像"按钮，可以使对象沿垂直方向翻转镜像。

（5）倾斜变形对象。单击属性栏中的"自由扭曲工具"按钮，在属性栏中设定倾斜变形对象的数值或用鼠标拖动对象都能产生倾斜变形的效果。

12. 对象的撤销和恢复

选择"编辑"|"撤销"命令，或按Ctrl+Z快捷键，或者在标准工具栏上单击"撤销"按钮，可以撤销上一次的操作。

选择"编辑"|"重做"命令，或按Ctrl+Shift+Z快捷键，或者在标准工具栏上单击"重做"按钮，可以恢复上一次的操作。

2.6 实例：制作课程表（创建与编辑表格）

在本课前面的内容中，编者以理论加图释的方式向读者介绍了如何在CorelDRAW X4中创建和编辑表格的方法，本节将以"制作课程表"为例，更为具体地讲解如何创建和编辑表格，制作完成的效果如图2-117所示。

1. 创建并调整表格结构

（1）选择"文件"|"新建"命令，新建一个绘图文档，单击属性栏中的"横向"按钮，使文档方向变为横向。

高一（三）班课程表

星期 课 节次	星期一	星期二	星期三	星期四	星期五
第1节					
第2节					
第3节					
第4节					
第5节					
第6节					
第7节					
第8节					

图2-117 课程表的效果图

（2）选择"表格"|"新建表格"命令，打开"新建表格"对话框，参照图2-118在该对话框中设置参数，然后单击"确定"按钮，创建表格，效果如图2-119所示。

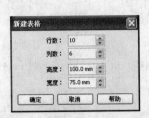

图2-118　"新建表格"对话框

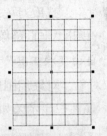

图2-119　创建表格

（3）使用"选择工具"，通过拖动表格图表的角控制点来调整大小，效果如图2-120所示。

（4）选择工具箱中的"表格工具"，将光标移动至如图2-121所示的位置，发现光标发生变化，然后向右拖动一定的距离，调整列宽，效果如图2-122所示。

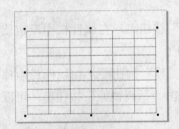

图2-120　调整表格图形的大小

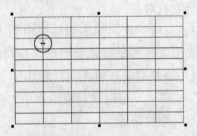

图2-121　移动光标

（5）将光标移动至如图2-123所示的位置，发现光标发生变化，然后向下拖动一定的距离，调整行高，效果如图2-124所示。

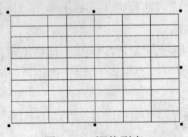

图2-122　调整列宽

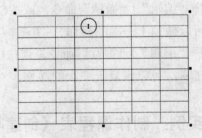

图2-123　移动光标

（6）使用"表格工具"继续对表格图形的第一行和第二行的行高进行调整，效果如图2-125所示。

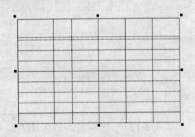

图2-124　调整行高

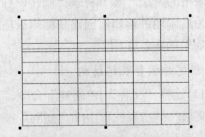

图2-125　继续调整行高

（7）保持"表格工具"▦为被选择状态，将光标移动至如图2-126所示的位置，待光标发生变化后单击，以选中一列，然后向右拖动，选择其右侧的所有列，效果如图2-127所示。

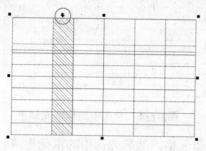

图2-126 移动光标并选中一列

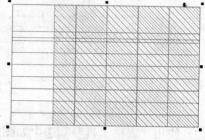

图2-127 继续选择列

（8）选择"表格"|"平均分布"|"平均分布列"命令，将选中的列平均分布，效果如图2-128所示。

（9）将光标移动至如图2-129所示的位置，待光标发生变化后单击，以选中一行，然后向下拖动，选择其下方的所有行，效果如图2-130所示。

（10）选择"表格"|"平均分布"|"平均分布行"命令，将选中的行平均分布，效果如图2-131所示。

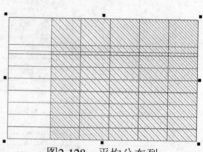

图2-128 平均分布列

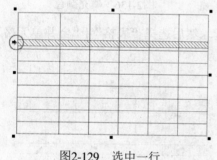

图2-129 选中一行

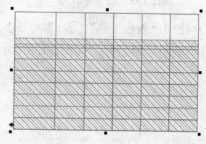

图2-130 继续选择行

（11）选择工具箱中的"贝塞尔工具"▨，参照图2-132在表格图形中绘制斜线，形成表头。

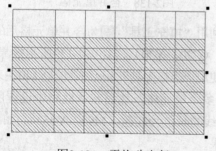

图2-131 平均分布行

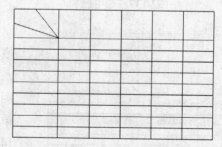

图2-132 绘制表头斜线

2. 设置表格颜色

（1）使用"表格工具"▦选中第一行，然后为选中的行填充浅灰色（C4，M3，Y3，K2），填充颜色的方法与填充图形相同，如图2-133和图2-134所示。

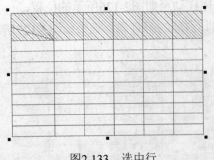

图2-133　选中行

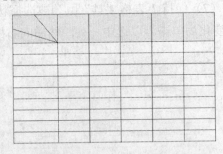

图2-134　为选中的行填充颜色

（2）使用"表格工具"▦选中如图2-135所示的单元格，然后为选中的单元格填充浅灰色（C4，M3，Y3，K2），如图2-136所示。

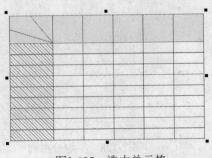

图2-135　选中单元格

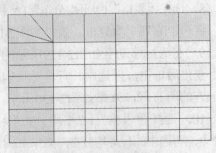

图2-136　填充颜色

（3）使用"表格工具"▦，参照图2-137选中行，然后选择"表格"|"合并单元格"命令，将选中的单元格合并，如图2-138所示。

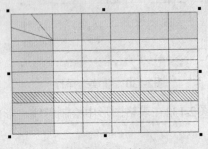

图2-137　选中行

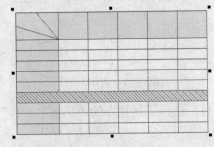

图2-138　合并单元格

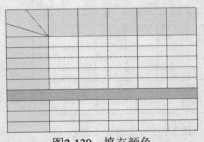

图2-139　填充颜色

（4）利用"填充工具"◈为合并单元格后的行填充浅绿色（C20，Y20），如图2-139所示效果。

（5）使用"表格工具"▦，参照图2-140在表格图形中选中多个单元格，然后在属性栏中设置所选单元格上框线的颜色为红色（M99，Y95），如图2-141所示效果。

（6）参照图2-142设置所选单元格整体的左框线的颜色为红色（M99，Y95）。

（7）使用"表格工具"▦，参照图2-143在表格图形中选中多个单元格，然后在属性栏中设置所选单元格左框线的颜色为红色（M99，Y95），如图2-144所示效果。

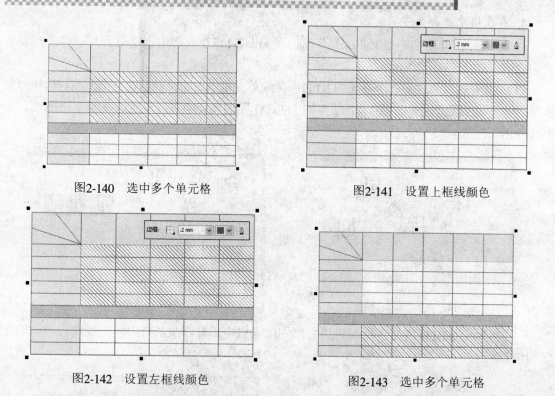

图2-140　选中多个单元格　　　　　　　图2-141　设置上框线颜色

图2-142　设置左框线颜色　　　　　　　图2-143　选中多个单元格

（8）选择"选择工具"，此时选中整个表格对象，如图2-145所示，在属性栏中设置整个表格图形的外侧框线的颜色为黄绿色（C33，M27，Y94），如图2-146所示。

图2-144　设置左框线颜色　　　　　　　图2-145　选中表格对象

（9）选择工具箱中的"矩形工具"，参照图2-147在表格图形外侧绘制矩形，以作为表格外框的装饰，调整矩形与表格图形中心对齐，然后设置"轮廓宽度"为2.0mm，轮廓颜色与表格外框颜色相同。

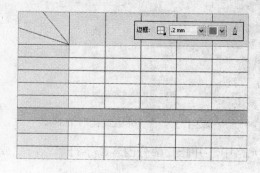

图2-146　设置表格外侧框线颜色

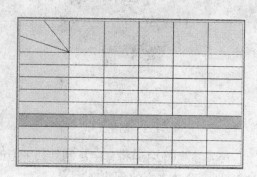

图2-147　绘制矩形以装饰表格

3. 在表格中添加文字

（1）选择工具箱中的"文本工具" 字，参照图2-148在表格中创建单个文字对象的表头文字内容。

（2）使用"文本工具" 字在如图2-149所示的单元格中单击，并创建文字，然后选择"文本"|"字符格式化"命令，在打开的"字符格式化"泊坞窗中进行设置，调整字符属性，如图2-150所示。

图2-148　创建表头文字

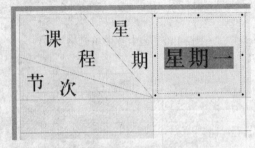

图2-149　创建文字

（3）参照图2-151将文字复制到其右侧的单元格中，并修改部分内容完成课程表日期文字的创建。

图2-150　"字符格式化"泊坞窗

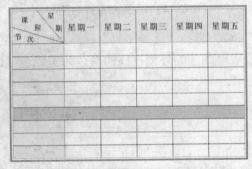

图2-151　复制日期文字

（4）使用"文本工具" 字在如图2-152所示的单元格中单击，并创建文字，然后在"字符格式化"泊坞窗中进行设置，调整字符属性，如图2-153所示。

图2-152　创建文字

图2-153　"字符格式化"泊坞窗

（5）参照图2-154将文字复制到其下方的单元格中，并修改部分内容和字符属性，完成课程表课业节数文字的创建。

（6）使用"文本工具"字在表格图形上方添加课程表标题文字，然后参照图2-155在"渐变填充"对话框中为文字设置预设的渐变填充，得到如图2-156所示的效果，完成本实例的制作。

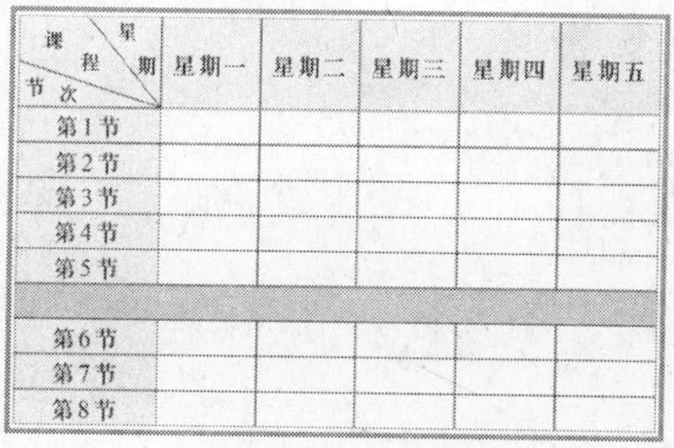

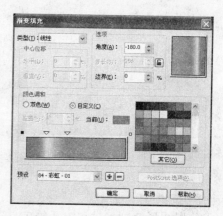

图2-154　复制文字　　　　　　　　　图2-155　"渐变填充"对话框

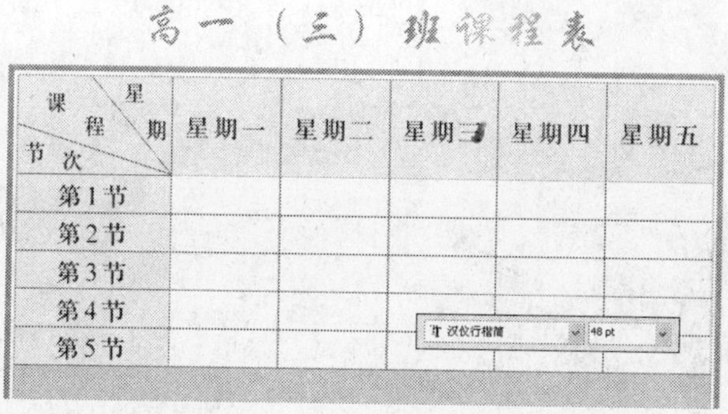

图2-156　添加课程表标题文字

课后练习

1. 设计制作卡通图画，效果如图2-157所示。

图2-157　卡通图画效果图

要求：

① 使用绘制图形的基本工具绘制出背景和主体图形。

② 使用"文本工具"字添加文字。

2. 设计制作简单的POP海报，效果如图2-158所示。

图2-158　海报效果图

要求：

①使用图形绘制工具和"手绘工具" 绘制图形。

②使用"文本工具" 创建文字元素。

第3课

绘制和编辑曲线

本课知识结构

    CorelDRAW X4绘制和编辑曲线的功能非常强大。曲线在图形绘制过程中应用得非常广泛，特别是在特殊图形的绘制方面，曲线具有较强的灵活性和编辑修改性。本课将学习绘制和编辑曲线的方法和技巧，为绘制出更复杂、更创意的作品奠定基础。

就业达标要求

    ☆ 手绘工具   ☆ 贝塞尔工具和钢笔工具

    ☆ 折线工具和连接器工具   ☆ 智能绘图工具和3点曲线工具

    ☆ 艺术笔工具   ☆ 修饰图形

3.1 曲线的概念

    曲线是由两个或多个节点组成的矢量线条。在两个节点之间组成一条线段。曲线可以包含若干条直线段和曲线段。通过定位、调整节点、调整节点上的控制点来绘制和改变曲线的形状。利用曲线绘图工具可以绘制出任意形态的曲线图形，如图3-1所示为曲线构成说明图。

    在CorelDRAW X4中，曲线是矢量图形的组成部分。可以使用绘图工具绘制曲线，也可以将矩形、多边形、椭圆形和文本转换成曲线。

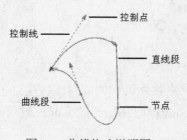

图3-1   曲线构成说明图

3.2 实例：迷人的海边夜色（手绘图形）

    使用"手绘工具"![手绘工具]绘图，就像用铅笔在纸上绘图一样，这对于快速素描或创建手绘外观最有用。"折线工具"![折线工具]可以绘制出简单的直线和曲线图形。"3点曲线工具"![3点曲线工具]可以绘制有弧度的曲线。"连接器工具"![连接器工具]可以将许多相关的对象连接到一起，并能随对象的移动进行自动的调整变化。"智能绘图工具"![智能绘图工具]可以自动识别许多形状，还可以自动平滑和修饰曲线。

下面将以"迷人的海边夜色"为例，详细讲解"手绘工具" 🖊、"折线工具" 📐、"3点曲线工具" 🖊、"连接器工具" 🖊、"智能绘图工具" 🖊的使用方法。绘制完成的"迷人的海边夜色"效果如图3-2所示。

1. 手绘工具

（1）选择"文件"｜"打开"命令，或按Ctrl+O快捷键，或者在标准工具栏上单击"打开"按钮📂，打开"配套资料\Chapter-03\迷人的海边夜色素材.cdr"文件，如图3-3所示。

图3-2　迷人的海边夜色　　　　　　　　　　　图3-3　素材文件

（2）选择"手绘工具" 🖊，鼠标指针形状将变为┼，单击鼠标确定线段的起点并拖动鼠标到需要的位置，再单击鼠标确定线段的终点，松开鼠标，这样就可以绘制出一条直线，如图3-4所示。

（3）选择"手绘工具" 🖊，鼠标指针形状将变为┼，单击鼠标确定曲线的起点并按住鼠标左键不放，拖动鼠标，进行曲线的绘制，在结束的地方松开鼠标，就可绘制出一条曲线，如图3-5所示。

图3-4　使用手绘工具绘制直线　　　　　　　图3-5　使用手绘工具绘制曲线

（4）要想擦除部分曲线，在按住鼠标的同时，按住Shift键并沿着要擦除的曲线向后拖动鼠标，完成擦除后只要松开Shift键时不松开鼠标键，就可以继续绘制曲线。

 选择"手绘工具" 🖊，拖动鼠标，使曲线的起点和终点位置重合，一个闭合的曲线形绘制完成，如图3-6所示。用"手绘工具" 🖊绘制曲线时，用鼠标在要继续绘制出直线的节点上单击，再拖动鼠标并在需要的位置单击，可以绘制出一条直线，如图3-7所示。

 如果在直线结束的位置处按住Ctrl键，可以限制直线的角度以15度的增量变化，可以通过"选项"对话框设定手绘平滑度，如图3-8所示。

- 边角阈值：用于设置边角节点的平滑度，数值越大，节点越尖，数值越小，节点越平滑。
- 直线阈值：用于设置手绘曲线相对于直线路径的偏移量。边角阈值和直线阈值的设定值越大，绘制的曲线越接近直线。
- 自动连接：用于设置在绘图时两个端点自动连接的距离。当光标接近设置的半径范围内时，曲线将自动连接成封闭的曲线。

图3-6　绘制闭合曲线

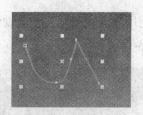

图3-7　绘制直线和曲线混合图形

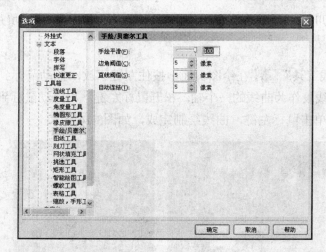

图3-8　设定手绘平滑度

（5）使用"手绘工具"  勾勒出椰子树叶和树干图形，如图3-9所示。设置图形填充蓝色，轮廓色为冰蓝色，轮廓线宽度为1mm，如图3-10所示。

图3-9　使用手绘工具绘制图形

图3-10　设置图形填充色和轮廓色

2．折线工具

（1）选择"折线工具" ，单击以确定直线的起点，拖动鼠标到需要的位置，再单击以确定直线的终点，绘制出一段直线，继续单击确定下一个节点，就可以绘制出折线的效果。单击确定节点后，按住鼠标左键不放并拖动鼠标，可以接着绘制出手绘效果的曲线，双击鼠标左键可以结束绘制，如图3-11所示。

图3-11　使用折线工具绘制直线和曲线

（2）使用"折线工具"[图]勾勒出大海图形，如图3-12所示。设置图形填充渐变，去除轮廓色，如图3-13所示。

图3-12　使用折线工具绘制图形　　　　图3-13　图形填充渐变

3. 点曲线工具

选择"3点曲线工具"[图]，在绘图页面中按住左键不放，拖动鼠标到需要的位置，绘制出一条任意方向的线段作为曲线的一个轴，松开鼠标左键，再拖动鼠标到需要的位置，即可确定曲线的形状，单击鼠标左键，曲线绘制完成，如图3-14所示。

图3-14　使用3点曲线工具

4. 连接器工具

绘制椭圆和多边形图形，选择"连接器工具"[图]，移动鼠标到椭圆图形，出现蓝色的贴齐点时，单击鼠标左键，拖动鼠标至多边形，单击贴齐点，即可将两个对象连接在一起，如图3-15所示。

图3-15　使用连接器工具

5. 智能绘图工具

选择"智能绘图工具" ，属性栏如图3-16所示，在"形状识别等级"下拉列表中选择不同级别的选项，可以控制形状识别的程度；在"智能平滑等级"下拉列表中选择不同级别的选项，可以控制线条平滑的程度。在"轮廓宽度"选项中，可以设置绘制线条的宽度。

图3-16 智能绘图工具属性栏

（1）选择"智能绘图工具"，单击以确定曲线的起点，按住鼠标左键并拖动鼠标绘制曲线，松开鼠标左键，"智能绘图工具"自动识别为一条曲线，如图3-17所示。

图3-17 使用智能绘图工具绘制曲线

（2）选择"智能绘图工具"，单击以确定直线的起点，按住鼠标左键并拖动鼠标绘制直线，松开鼠标左键，"智能绘图工具"自动识别为一条直线，如图3-18所示。

图3-18 使用智能绘图工具绘制直线

（3）选择"智能绘图工具"，单击并按住鼠标左键，拖动鼠标绘制椭圆形，松开鼠标左键，"智能绘图工具"自动识别为一个椭圆形，如图3-19所示。

图3-19 使用智能绘图工具绘制椭圆形

（4）使用"智能绘图工具"单击并按住左键，拖动鼠标绘制平行四边形，松开左键，"智能绘图工具"自动识别为一个平行四边形，如图3-20所示。

图3-20   使用智能绘图工具绘制平行四边形

6. 度量工具

度量工具允许绘制度量线显示图形对象的大小、间距和角度，并能随图形对象的改变而自动发生相应的变化，在工作图表、建筑图纸等许多技术性的图形制作上有重要作用。

选择"度量工具"，属性栏如图3-21所示。

图3-21   "度量工具"属性栏

- "自动尺度工具"可根据度量的角度自动创建水平或垂直的尺度线。使用工具时按 **Tab**键可在垂直的、水平的和倾斜的尺度线之间切换。
- "垂直尺度工具"可创建垂直的尺度线，而不受测量对象的位置影响。
- "水平尺度工具"可创建水平的尺度线，而不受测量对象的位置影响。
- "倾斜尺度工具"可创建倾斜的尺度线。
- "标注工具"用来绘制标注对象的线，标注线的末端是解释、注明的文字。
- "角尺度工具"创建的是测量角度而不是距离的尺度线。

选择"度量工具"，单击属性栏中的"角尺度工具"按钮，鼠标在工作区的形状变为，在两直线的交点处单击鼠标，在度量的第一条直线处单击鼠标。在度量的第二条直线处单击鼠标，出现尺度文本标志。移动鼠标，选择文本标志的合适位置，单击鼠标左键确定，绘制出一条角尺度线，如图3-22所示。

图3-22   度量角度

3.3   实例：可爱小鸡（贝塞尔工具）

"贝塞尔工具"允许按节点依次绘制曲线或直线，使用贝塞尔工具时，每一次单击鼠标就会定制一个节点，节点之间相互连接，通过从节点以相反方向延伸的虚线的位置，可以控制线段的曲线率，通过控制节点创建出精确的直线或曲线。

下面将以"可爱小鸡"为例，详细讲解"贝塞尔工具" 的使用方法。绘制完成的"可爱小鸡"效果如图3-23所示。

1. 绘制曲线

（1）按Ctrl+N快捷键，新建一个图形文件。选择"矩形工具" ，绘制一个矩形，填充颜色（C30），如图3-24所示。

图3-23 可爱小鸡

（2）选择"贝塞尔工具" ，鼠标指针形状将变为 。在要绘制曲线的起点处单击鼠标，创建出第1个节点。移动鼠标到需要的位置，再次单击并按住鼠标左键拖动鼠标，出现了一条曲线段，继续按住鼠标左键拖动，就可以调整曲线的弯曲程度，调整曲线至合适的形状后，松开鼠标确定第2个节点，如图3-25所示。

图3-24 绘制矩形

图3-25 使用贝塞尔工具绘制曲线（1）

（3）移动鼠标到第2个节点上并双击该节点，移动鼠标到需要的位置，再次单击并按住鼠标左键拖动鼠标，出现了一条曲线段，继续按住鼠标左键拖动，就可以调整曲线的弯曲程度，调整曲线至合适的形状后，松开鼠标确定第3个节点，如图3-26所示。

（4）确定一个节点后，在这个节点上双击，再单击确定下一个节点后出现直线；确定一个节点后，在这个节点上双击，再单击确定下一个节点并拖动这个节点后出现曲线；如图3-27所示。在使用"贝塞尔工具" 绘制曲线过程中双击节点可进行节点转换。

图3-26 使用贝塞尔工具绘制曲线（2）

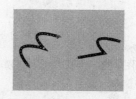

图3-27 使用贝塞尔工具绘制曲线（3）

（5）连续单击并拖动鼠标，就可以绘制出一些连续平滑的曲线，如图3-28所示。

（6）要闭合曲线时，将光标定位于创建的第1个节点上，单击并按住鼠标左键拖动鼠标，松开鼠标就可以闭合曲线，如图3-29所示。

图3-28 使用贝塞尔工具绘制曲线（4）

图3-29 使用贝塞尔工具绘制曲线（5）

图3-30　使用贝塞尔工具
绘制曲线（6）

（7）用鼠标单击工具箱中任何其他工具时，即结束了当前曲线的绘制，如图3-30所示。

（8）复制绘制的曲线，选择"形状工具"，单击复制曲线，再单击属性栏上的"自动闭合曲线"按钮，CorelDRAW X4会以一条直线连接曲线两端的节点，如图3-31所示。

（9）使用"形状工具"选中并拖动节点上的控制点，通过调整控制线的长度和斜率，可以调整曲线的形状，如图3-32所示。

图3-31　闭合曲线

图3-32　使用贝塞尔工具绘制曲线（8）

绘制一条直线或曲线之后，如果想接着那条线继续画下去，那么只需将鼠标移到直线或曲线的端点，单击鼠标以确定直线或曲线的连接点，然后，就可按照直线和曲线的绘制方法接着画下去。

（10）为曲线图形设置轮廓色和填充色，如图3-33所示。

（11）参照图3-34所示，使用"贝塞尔工具"绘制小鸡的脑袋、鼻子、眉毛、鸡冠和小嘴。

图3-33　绘制小鸡的翅膀

图3-34　绘制小鸡的鼻子、小嘴等

2. 绘制直线

（1）选择"贝塞尔工具"，鼠标指针形状将变为，单击鼠标以确定直线的起点，移动鼠标到需要的位置，再单击鼠标以确定直线的终点，绘制出直线，如图3-35所示。

（2）只要再继续确定下一个节点，就可以绘制出折线的效果，如图3-36所示。

图3-35　使用贝塞尔工具绘制直线

图3-36　使用贝塞尔工具绘制折线

（3）要闭合曲线时，将鼠标光标定位于创建的第1个节点上，单击并按住鼠标左键拖动鼠标，松开鼠标就可以闭合曲线，如图3-37所示。

（4）为曲线图形设置填充色（C70，Y100），去除轮廓色，如图3-38所示。

图3-37 绘制曲线图形

图3-38 绘制草地

（5）最后使用"椭圆工具" 绘制云彩和投影图形，完成实例的绘制。

3.4 实例：卡通猫（节点操作）

在CorelDRAW中，完成曲线或图形的绘制后，有时还需要进一步调整曲线或图形以达到设计方面的要求，使用"形状工具" 可以编辑节点和线段来改变曲线的形状。

下面将以"卡通猫"为例，详细讲解节点的操作方法。绘制完成的"卡通猫"效果如图3-39所示。

图3-39 卡通猫

1. 添加、删除节点

（1）按Ctrl+N快捷键，新建一个图形文件。选择"矩形工具" ，绘制两个矩形，大矩形填充颜色（C46），小矩形填充白色，如图3-40所示。

（2）选择"选择工具" ，选择小矩形，改变属性栏中 的数值来设置矩形圆角度数，得到圆角矩形，如图3-41所示。

图3-40 绘制矩形

图3-41 绘制圆角矩形

（3）选取圆角矩形，单击属性栏"转化为曲线"按钮 ，或按Ctrl+Q快捷键，将圆角矩形转换为曲线。

 绘制基本几何图形，如椭圆形、星形等，然后在属性栏中单击"转换成曲线"按钮 ，能将基本几何图形转换成曲线图形，增加了多个节点，可以对节点进行调整。

（4）选择"形状工具" ，在曲线任意位置双击，路径上就会增加一个新的节点，如图3-42所示。选择"形状工具" ，选择除起始节点以外的任何一个或几个节点，在属性栏上单击"添加节点"按钮 ，就会自动添加一个或多个节点到曲线上。

（5）选择"形状工具" ，在曲线上双击节点即可删除节点。选择"形状工具" ，在曲线上选择想要删除的一个或几个节点，在属性栏上单击"删除节点"按钮 或直接按Delete键，就会删除所选择的节点，如图3-43所示。

图3-42　添加节点

图3-43　删除节点

2. 选择节点和线段

（1）选择"形状工具" ，用鼠标单击曲线图形，即选择了该曲线图形，此时将显示所有的节点，如图3-44所示。

（2）将鼠标移到添加的节点上，单击鼠标就可以选中该节点，在该节点和两侧相邻的节点处会出现控制点，如图3-45所示。

（3）将鼠标移到节点间的线段处，当鼠标变为 时，单击鼠标就选中了该线段。

图3-44　显示曲线所有节点

图3-45　选择节点

技巧

如何选择多个节点？

在使用"形状工具" 选择节点时，按下Home键可以直接选择起始节点，按下End键可以直接选择终止节点，按下Shift键可连续单击选择多个节点。若拖动鼠标拉出一个虚框，可选择框内的所有节点，如图3-46所示。按下Ctrl+Shift键，然后单击对象上的任意节点，可以选中对象中的所有节点。

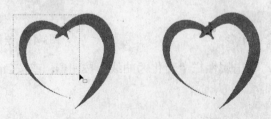

图3-46　框选节点

3. 移动节点和线段

（1）选中了节点或线段后，就可以借助鼠标的拖动来移动节点或线段，改变对象的形状，如图3-47所示。移动节点时，两边的线段也将移动，如果节点在曲线段上，节点的控制点也会移动，但保持节点与控制点连线的夹角不变。

（2）在图形右侧也对称添加一个节点，并移动节点，效果如图3-48所示。

图3-47　移动节点和线段

图3-48　添加和移动节点

（3）移动其他节点和线段来改变曲线的形状，如图3-49所示。

图3-49　绘制小猫脑袋

4. 对齐节点

（1）绘制一个椭圆形，选择"选择工具" ，选择椭圆形，单击属性栏"转化为曲线"按钮 ，或按Ctrl+Q快捷键，将椭圆形转换为曲线，如图3-50所示。

（2）选择"形状工具" ，在曲线上双击，添加4个节点，如图3-51所示。

图3-50　将椭圆形转换为曲线

图3-51　添加节点

（3）选择"形状工具" ，按住Shift键，单击选中图形上方增加的两个节点。单击属性栏中的"对齐节点"按钮 ，弹出"节点对齐"对话框，勾选"水平对齐"复选框，如图3-52所示，单击"确定"按钮，两个节点水平对称对齐，如图3-53所示。

图3-52　"节点对齐"对话框

图3-53　对齐节点

（4）选中图形下方增加的两个节点，使用同样的方法将两个节点水平对称对齐。

（5）选择"形状工具" ，单击选中顶端节点，按住Ctrl键，并按住鼠标左键拖动鼠标，向正下方移动节点，如图3-54所示。

（6）选择"形状工具" ，单击选中底端节点，按住Ctrl键，并按住鼠标左键拖动鼠标，向正上方移动节点，如图3-55所示。

（7）拖动节点控制点调整图形，效果如图3-56所示。

图3-54　移动顶端节点

图3-55 移动底端节点

图3-56 调整节点

（8）使用"贝塞尔工具" 和"形状工具" 绘制苹果叶子和柄，填充颜色，效果如图3-57所示。

5. 转换线段

（1）绘制一个矩形，选择"选择工具" ，选择矩形，改变属性栏中 的数值来设置矩形圆角度数，得到圆角矩形。将圆角矩形顺时针旋转60°，如图3-58所示。

图3-57 绘制苹果

图3-58 绘制圆角矩形

（2）选取圆角矩形，单击属性栏"转化为曲线"按钮 ，或按Ctrl+Q快捷键，将圆角矩形转换为曲线。

（3）选择"形状工具" ，在曲线上双击，添加节点，如图3-59所示。移动节点，如图3-60所示。

图3-59 添加节点

图3-60 移动节点

（4）将鼠标移到节点间的线段处，当鼠标变为 时，单击鼠标选中线段。单击属性栏上的"转换直线为曲线"按钮 ，可以将当前选择的直线转换为曲线，将在被选取的节点线段上出现两条控制线，通过调整控制柄的长度和斜率，可以调整曲线的形状，如图3-61所示。

（5）转换其他直线段，并调整曲线的形状，如图3-62所示。

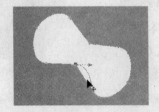

图3-61 直线转换为曲线（1）

图3-62 调整曲线的形状

（6）单击属性栏上的"转换曲线为直线"按钮 ，可以将当前选择的曲线转换为直线，如图3-63所示。

图3-63 曲线转换为直线（1）

（7）选择图形所有节点后，单击属性栏上的"转换直线为曲线"按钮 ，可以使所有节点转换为具有曲线性质的节点，将光标放置在任意边的轮廓上按下鼠标左键并拖动，即可对图形进行调整，如图3-64所示。

（8）绘制圆形，设置填充色和轮廓色，设置轮廓宽度。图形组合成蝴蝶结，如图3-65所示。

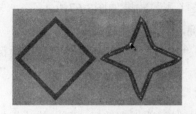

图3-64 曲线转换为直线（2）

图3-65 绘制蝴蝶结

（9）使用"贝塞尔工具" 和"形状工具" 绘制其他图形。

6. 转换节点

节点分为三种类型，分别是对称节点、平滑节点、尖突节点，如图3-66所示。

- 尖突节点：两个控制点可以相互独立，即调整其中一个控制点时，另一个控制点保持不变。
- 平滑节点：两个控制点的控制线可以不相同，即调整其中一个控制点时，另一个控制点将以相应的比例进行调整，以保持曲线的平滑。
- 对称节点：两个控制点的控制线长度是相同的，即调整其中一个控制点时，另一个控制点将以相同的比例进行调整。

对称节点　　　　　平滑节点　　　　尖突节点

图3-66 3种节点类型

（1）当选择的节点为平滑节点或对称节点时，单击属性栏"使节点成为尖突"按钮 ，可将节点转换为尖突节点。

（2）当选择的节点为尖突节点或对称节点时，单击属性栏"平滑节点"按钮 ，可将节点转换为平滑节点。

（3）当选择的节点为尖突节点或平滑节点时，单击属性栏"生成对称节点"按钮 ，可将节点转换为对称节点。

 绘制图形时会经常用到"贝塞尔工具" 、"钢笔工具" 和"形状工具" ，只有不断练习，才能熟练掌握。

3.5 实例：蝴蝶飞飞（钢笔工具）

图3-67　蝴蝶飞飞

使用"钢笔工具" 绘制曲线的过程与使用"贝塞尔工具" 相似，使用"钢笔工具" 绘制曲线的过程中按Alt键单击节点可进行节点转换，按住Ctrl键可移动和调整节点。

下面将以"蝴蝶飞飞"为例，选择"文件"|"导入"命令导入图像，使用"钢笔工具" 沿图像绘制曲线，进行位图的矢量化操作。绘制完成的"蝴蝶飞飞"效果如图3-67所示。

（1）按Ctrl+N快捷键，新建一个图形文件。

（2）选择"文件"|"导入"命令，或按Ctrl+I快捷键，弹出"导入"对话框，选择"蝴蝶.tif"图像文件，单击"导入"按钮，在页面中单击导入图片，如图3-68所示。

（3）放大页面显示比例，选择"钢笔工具" ，在属性栏中选择"预览模式"按钮 ，沿蝴蝶图像边缘单击以确定曲线的起点，如图3-69所示。

图3-68　导入蝴蝶图像

图3-69　绘制曲线（1）

选择属性栏上"预览模式"按钮 后，会实时显示出将要绘制的曲线的形状和位置，十分直观方便，大大增强了操作的简便性。

（4）将鼠标移到第2个点上单击并按住鼠标左键拖动鼠标，调整到需要的效果，松开鼠标左键，如图3-70所示。

（5）按下Alt键，单击第2个点，进行节点的转换，将鼠标移到第3个点上，按住鼠标左键拖动鼠标，调整到需要的效果，松开鼠标左键，如图3-71所示。

图3-70　绘制曲线（2）

图3-71　转换节点、绘制曲线（3）

（6）使用相同的方法继续创建节点即可得到连续的曲线，如图3-72所示。

（7）最后来闭合曲线。将鼠标放到起始点上，光标的右下角会显示小圆圈标志，拖动鼠标，将曲线调整到需要的形状，释放鼠标，得到闭合的曲线，如图3-73所示。

使用"贝塞尔工具"绘制曲线时，用鼠标单击工具箱中任何其他工具时，即结束了当前曲线的绘制。使用"钢笔工具"绘制曲线时，按Esc键或单击工具箱中任何其他工具时，即结束了当前曲线的绘制。

图3-72 绘制连续曲线

图3-73 闭合曲线

（8）选择"选择工具"，选取曲线路径，移动曲线路径，如图3-74所示。去除轮廓线，填充红色，如图3-75所示。

图3-74 选取、移动曲线图形

图3-75 去除轮廓线，填充红色

（9）复制、缩小蝴蝶图形，并填充蓝色和黄色，如图3-76所示。镜像黄色蝴蝶图形，如图3-77所示，完成"蝴蝶飞飞"的绘制。

图3-76 复制、缩小、填充图形

图3-77 镜像图形

3.6 实例：小老鼠（艺术笔工具——预设模式）

使用"艺术笔工具"可以绘制出多种不同风格的线条和图形，可以模仿画笔的真实效果，产生丰富的变化。"艺术笔工具"属性栏如图3-78所示。

图3-78 艺术笔工具属性栏

"艺术笔工具"包含了5种模式，分别是"预设"模式、"笔刷"模式、"喷罐"模式、"书法"模式、"压力"模式。

下面将以"小老鼠"为例，详细讲解使用预设模式绘制图形。绘制完成的"小老鼠"效果如图3-79所示。

（1）按Ctrl+N快捷键，新建一个图形文件。

（2）不选取任何图形，将光标移动到"默认CMYK调色板"上方，在"红"颜色色块上单击，弹出如图3-80所示的对话框。将光标移动到"默认CMYK调色板"上方的⊠按钮上，单击鼠标右键，弹出如图3-81所示的对话框，单击"确定"按钮，会在接下来的图形绘制中创建出红色填充的图形。

图3-79　小老鼠

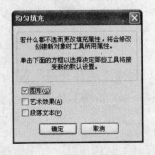

图3-80　"均匀填充"对话框

（3）选择"艺术笔工具" ，在属性栏中选择"预设"模式 。

（4）在属性栏"艺术笔工具宽度" 6.0 mm 中设置曲线的宽度，在"预设笔触列表" 中选择需要的线条形状，在"手绘平滑" 100 中设置线条的平滑程度。

（5）单击并拖动鼠标，拖动到需要的位置后松开鼠标，可以绘制封闭的线条图形，如图3-82所示。

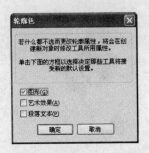

图3-81　"轮廓色"对话框

图3-82　使用预制模式绘制图形

（6）在属性栏"艺术笔工具宽度" 3.0 mm 中设置曲线的宽度，在"预设笔触列表" 中选择需要的线条形状，拖动到需要的位置后松开鼠标，绘制小老鼠其他线条图形。

3.7　实例：童年（艺术笔工具——喷罐模式）

使用艺术笔工具的喷罐模式，可以根据喷涂列表中给出的预设图案，绘制出特定图案的线条。

下面将以"童年"为例，详细讲解使用喷罐模式绘制图形。绘制完成的"童年"效果如图3-83所示。

（1）选择"文件"|"打开"命令，或按Ctrl+O快捷键，或者在标准工具栏上单击"打开"按钮 ，打开"配套资料\Chapter-03\童年素材.cdr"文件，如图3-84所示。

图3-83 童年

图3-84 素材文件

（2）选择"艺术笔工具" ，在属性栏中选择"喷罐"模式 。

（3）在"喷涂列表文件列表" 中选择需要的喷涂类型。

（4）在"选择喷涂顺序" 中选择喷出图形
的顺序。选择"顺序"选项，喷出的图形将会以方形区
域分布，选择"按方向"选项，喷出的图形随鼠标拖动
的路径分布，选择"随机"选项，喷出的图形将会随机
分布。

（5）在"喷罐"模式下选择要添加到喷涂列表中
的图像，然后单击"添加到喷涂列表"按钮 ，再单击
"喷涂列表对话框"按钮 ，弹出如图3-85所示的"创
建播放列表"对话框，选择的图像已经被添加到喷涂列
表中了。

图3-85 "创建播放列表"对话框

- 添加：将喷涂列表中的图像增加到播放列表中。喷涂列表中的图像是供选择的，而播
放列表中的图像可用喷罐画出来。
- 全部添加：将喷涂列表中的图像全部增加到播放列表中。
- 移除：删除播放列表中的图像。
- 清除：全部删除播放列表中的图像。
- 将播放列表中的图像向上移动。
- 将播放列表中的图像向下移动。
- 将播放列表中的图像反向排列。

（6）在属性栏 中设置喷涂图形的间距，在上面的输入框中设置数值，可以调整
每个图形的距离，在下面的输入框中设置数值可以调整各个对象之间的距离。

（7）单击属性栏中的"旋转"按钮 ，弹出如图3-86所示的对
话框，在"角"选项中设置喷涂图像的旋转角度，在"增加"选项
中设置旋转增加值。点选"基于路径"单选项，将相对于鼠标拖动
路径旋转，选择"基于页面"选项，将以绘图页面为基准旋转。

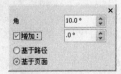

图3-86 旋转喷涂图像

（8）单击属性栏中的"偏移"按钮 ，弹出如图3-87所示的对
话框，勾选"使用偏移"复选框，就可以设置偏移数值，喷涂图形
将从路径上偏移。在"偏移方向"下拉列表中可以选择一种偏移方式。

（9）单击属性栏中的"重置值"按钮 ，可以恢复喷罐原来保存的设置。

（10）单击并拖动鼠标到需要的位置后松开，可以绘制出特定图案图形，如图3-88所示。

图3-87　偏移喷涂图形　　　　　　　　　图3-88　使用喷罐模式绘制图形

（11）单击并拖动鼠标到需要的位置后松开，可以绘制出蘑菇图形，如图3-89所示。

（12）在"喷涂列表文件列表" 中选择需要的喷涂类型，单击并拖动鼠标到需要的位置后松开，可以绘制出小草图形，如图3-90所示。

图3-89　绘制蘑菇　　　　　　　　　　　图3-90　绘制小草

3.8　实例：宝宝秀（艺术笔工具——画笔模式）

使用艺术笔工具的画笔模式，可以根据笔触列表中给出的预设笔触，绘制出特定的线条。下面将以"宝宝秀"为例，详细讲解使用画笔模式绘制图形。绘制完成的"宝宝秀"效果如图3-91所示。

（1）按Ctrl+N快捷键，新建一个图形文件。

（2）选择"文件"|"导入"命令，或按Ctrl+I快捷键，弹出"导入"对话框，选择"宝宝.tif"图像文件，单击"导入"按钮，在页面中单击导入图片，如图3-92所示。

图3-91　宝宝秀　　　　　　　　　　　　图3-92　导入宝宝图像

（3）选择"艺术笔工具" ，在属性栏中选择"画笔"模式 。

（4）在属性栏的"笔触列表"下拉列表框中 选择一种笔刷形状，设置"艺术笔工具宽度" 为15mm，在"手绘平滑" 中设置线条的平滑程度。

（5）单击并拖动鼠标，拖动到需要的位置后松开鼠标，绘制如图3-93所示的图形。

图3-93　导入宝宝图像

 将笔刷应用在绘制的图形或曲线上，也可以绘制出漂亮的效果。选择"矩形工具" 📇，绘制一个矩形。选择"艺术笔工具" ，并单击属性栏中的"笔刷"按钮 ，鼠标光标变为 ，单击选取矩形，如图3-94所示。在矩形上应用笔刷形状，如图3-95所示。

图3-94　用艺术笔工具选取矩形　　　　　图3-95　在矩形上应用笔刷形状

　　（6）选择"艺术笔工具" ，并单击属性栏中的"喷罐"按钮 ，在属性栏的"喷涂列表文件列表"下拉列表中选择一种图形，在页面中拖动鼠标，喷绘出的图形效果如图3-96所示。

图3-96　喷绘的图形效果

3.9　艺术笔工具——书法模式和压力模式

　　使用艺术笔工具的书法模式，可以基于曲线的方向来改变线条的粗细，可以绘制随书写的方向而改变宽度的线条，类似使用书法笔的效果。

　　使用艺术笔工具的压力模式，可以用压力感应笔或键盘方向键改变线条的粗细，绘制出特殊的图形效果。

1. 书法模式

图3-97　使用书法模式绘制图形

（1）选择"艺术笔工具" ，在属性栏中选择"书法"模式 。

（2）在属性栏"书法角度"参数栏中设置"笔触"和"笔尖"的角度，如果角度值为0，在书法笔垂直方向画出的线条最粗，笔尖是水平的；如果角度值设置为90，在书法笔水平方向画出的线条最粗，笔尖是垂直的。

（3）单击并拖动鼠标到需要的位置后松开，可以绘制出类似书法笔效果的图形，如图3-97所示。

2. 压力模式

（1）选择"艺术笔工具" ，在"预设笔触列表"参数栏 中选择需要的线条形状，在属性栏中选择"压力"模式 。

（2）在属性栏"艺术笔工具宽度"参数栏 中设置曲线的宽度，在"手绘平滑"参数栏 中设置线条的平滑程度。

（3）单击并拖动鼠标绘制图形，在使用鼠标拖动绘图的过程中，可以通过键盘的上下方向键来控制画笔的宽度，按住向上的方向键将增加压力效果，使画笔变宽；按向下的方向键将减小压力效果，使画笔变窄。

3.10　修饰图形——刻刀、橡皮擦和涂抹笔刷工具

"刻刀工具" 、"橡皮擦工具" 和"涂抹笔刷工具" 是编辑对象时的辅助工具，使用这些工具可以实现对对象的分割、擦除和变形等操作。

1. 刻刀工具

"刻刀工具" 允许将图形切分为两个部分。刻刀工具应用的所有对象都将变为曲线对象。在具体操作时，选中工具箱中的"刻刀工具" ，在对象一侧的曲线上单击，移动鼠标到对象的另一侧再次单击，即可完成分割操作，如图3-98～如图3-100所示。该工具一次只能分割一个对象，且不能操作与群组对象。

图3-98　原图形

图3-99　切割图形

图3-100　切割效果

2. 橡皮擦工具

"橡皮擦工具" 可以擦除图形的部分或全部，并可以将擦除后图形的剩余部分自动闭合，如图3-101和图3-102所示。橡皮擦工具只能对单一的图形对象进行擦除。使用了橡皮擦工具的对象都将转变为曲线对象。

图3-101 原图形

图3-102 擦除效果

3. 涂抹笔刷

"涂抹笔刷工具"可以通过图形的填充属性来涂抹图形，可使对象的轮廓线产生扭曲变形。用户可以控制对象扭曲的范围和形状。使用该工具时可结合压力笔来使用，也可以直接用鼠标涂抹对象，如图3-103和图3-104所示。

图3-103 原图形

图3-104 涂抹效果

涂抹笔尖的角度和方向将影响涂抹的效果。旋转笔尖的方向将更改涂抹的角度，而倾斜笔尖将使涂抹角度更为平滑。在使用鼠标时，用户可以通过指定数值的方式来模拟笔尖的方向和倾斜度。

涂抹效果可以对压力笔做出响应，压力越大时，涂抹笔划将越粗，否则笔划将越细。而在使用鼠标时，可设置具体的数值来模拟压力。总之，无论是使用压力笔还是使用鼠标，用户都能够指定笔尖的尺寸，以决定对象应用涂抹的宽度。

提示

"粗糙笔刷工具"可以通过图形的轮廓属性来修饰图形，可使对象产生锯齿状或毛刺状的粗糙效果。用户可以设置粗糙笔尖的大小、角度、方向等，所选对象可以是直线、曲线或文本等，并且同样可直接使用鼠标或使用压力笔进行编辑，如图3-105和图3-106所示。在使用鼠标时，用户可以指定笔尖的宽度、角度和方向，并且可设置在拖动鼠标的过程中笔尖的变化程度。在使用压力笔时，将会对鼠标的活动做出响应，压力笔的活动将决定粗糙的最终效果，用户可根据需要设置各种参数，或者手动控制其效果

图3-105 原图形

图3-106 粗体效果

3.11　实例：小猫图形（修饰图形）

图3-107　完成效果图

在前面的理论中介绍了使用"橡皮擦工具" 和"涂抹笔刷工具" 可以实现对对象的分割、擦除和变形等操作，下面将以"小猫图形"为例，更为具体地讲解如何使用以上两种工具对图形进行编辑，制作完成效果如图3-107所示。

1. 擦除图形

（1）选择"文件"|"新建"命令，新建一个横向文档。双击工具箱中的"矩形工具" ，自动创建一个与页面大小相同的矩形，填充天蓝色（C40），如图3-108所示。

（2）使用工具箱中的"椭圆形工具" 在视图中绘制白色椭圆形，如图3-109所示。

图3-108　创建矩形

图3-109　绘制椭圆形

（3）选择工具箱中"橡皮擦工具" ，在属性栏中设置"橡皮擦厚度"为4mm，参照图3-110，在需要擦除的图形上单击并拖动鼠标，释放鼠标后，鼠标经过的地方将被擦除掉，如图3-111所示效果。

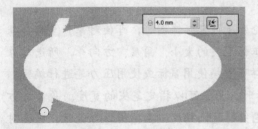

图3-110　擦除图形

图3-111　擦除图形效果

图3-112　继续擦除图形

（4）使用相同的方法，继续使用"橡皮擦工具" 擦除掉椭圆形中部分图形，得到如图3-112所示效果。

（5）选择工具箱中"智能填充工具" ，依次在擦除后的图形上单击，如图3-113所示，将其分解为独立的图形。

（6）参照图3-114，分别为图形填充颜色，并取消轮廓线的填充。然后使用"椭圆形工具" 在图形底部绘制白色椭圆形，调整图形位置，如图3-115所示。

图3-113 分解图开

图3-114 填充颜色

2. 粗糙笔刷

（1）选择"文件"|"打开"命令，打开"打开"对话框，选择"配套资料/Chapter-03/小猫.cdr"文件，单击"确定"按钮，打开素材图形，如图3-116所示。

图3-115 绘制椭圆形

图3-116 素材图形

（2）使用"选择工具" ⬚拖动小猫图形到正在编辑的文档中，参照图3-117，调整图形大小与位置。

（3）保持小猫图形的选择状态，按下Ctrl+U快捷键取消图形的编组，然后将视图中小猫边缘为深黄色描边效果的曲线图形选中。

（4）选择工具箱中的"粗糙笔刷工具" ⬚，在属性栏中设置"笔尖大小"为6mm。参照图3-118，在小猫耳朵位置单击，对图形进行修饰，如图3-119所示。

图3-117 调整图形大小与位置

图3-118 使用粗糙笔刷

（5）使用相同的方法，继续使用"粗糙笔刷工具" ⬚在小猫耳朵、尾巴位置修饰图形，得到如图3-120所示效果，完成本实例的操作。

图3-119 修饰图形效果

图3-120 修饰图形

3.12　实例：创建射线图形（折线工具）

图3-121　完成效果图

在前面的内容中，编者向大家介绍了利用"折线工具" 可以绘制出简单的直线和曲线图形，下面将以"创建射线图形"为例，更为具体地讲解如何使用"折线工具" 创建装饰图形，制作完成的效果如图3-121所示。

（1）选择"文件"|"新建"命令，新建一个横向文档。双击工具箱中的"矩形工具" ，自动创建一个与页面大小相同的矩形，填充红色（M100、Y100），如图3-122所示。

（2）选择工具箱中的"折线工具" ，在视图中单击创建起点，在不同的位置连续单击，可创建连续的折线，需要闭合路径时，移动鼠标至路径起点，指针变为 状态时单击，即可创建闭合的路径，如图3-123所示。

图3-122　绘制矩形

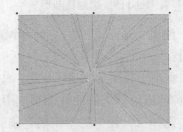

图3-123　绘制图形

（3）参照图3-124，为图形填充黄色（Y100），并取消轮廓线的填充。

（4）选择"文件"|"导入"命令，打开"导入"对话框，选择配套素材/Chapter-03/"手表.psd"文件，单击"导入"按钮，关闭对话框。在视图中单击将素材图像放入文档中，参照图3-125调整素材图像的大小与位置。

图3-124　设置颜色

图3-125　导入素材图像

（5）使用工具箱中的"文本工具" 在视图右下角位置输入文本"新品上市"，如图3-126所示。

（6）按下数字键盘上的"+"复制文本"新品上市"。单击工具箱中的"轮廓工具" ，在弹出的工具展示栏中选择"画笔"，打开"轮廓笔"对话框，参照图3-127设置参数，单击"确定"按钮，为文本添加描边效果，如图3-128所示。

图3-126 添加文字

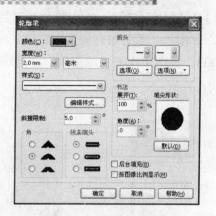

图3-127 设置轮廓线宽度

（7）选择"排列"｜"顺序"｜"向后一层"命令，调整文本顺序与位置，如图3-129所示效果，完成本实例的操作。

图3-128 应用轮廓线效果

图3-129 调整文本排列顺序

3.13 实例：POP广告（艺术画笔——预设笔触列表）

在CorelDRAE X4中，用户可以使用预设的艺术画笔进行图形的绘制。下面将以"POP广告"为例，具体讲解如何使用预设列表中的艺术画笔创建图形，制作完成的效果如图3-130所示。

（1）选择"文件"｜"新建"命令，新建一个横向文档。双击工具箱中的"矩形工具"，自动创建一个与页面大小相同的矩形，填充绿色（C38、Y96），如图3-131所示。

图3-130 完成效果图

图3-131 创建矩形

（2）参照图3-132，使用"矩形工具"继续在视图中绘制黄色（Y100）矩形，并取消轮廓线的填充。

（3）选择工具箱中的"艺术笔工具" ，在属性栏中设置"艺术笔工具宽度"为7.5mm，单击"艺术笔触列表"下拉按钮，在弹出的下拉列表中选择一种艺术笔触，然后参照图3-133在视图中绘制"惊爆价"字样图形。

图3-132　绘制矩形

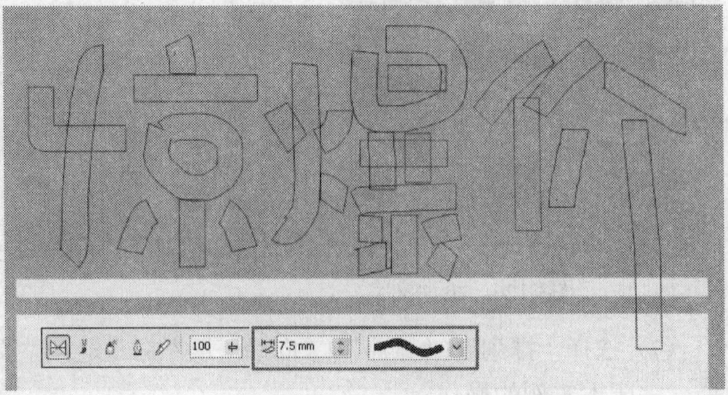

图3-133　绘制字样图形

（4）选择绘制的"惊爆价"字样图形，按下Ctrl+G快捷键将图形编组，填充白色，并取消轮廓线的填充，如图3-134所示。

（5）参照图3-135，使用工具箱中的"贝塞尔工具" 在视图中绘制橘红色（M60、Y100）曲线图形。

图3-134　填充颜色

图3-135　绘制图形

（6）按下数字键盘上的"+"，将刚刚绘制的曲线图形复制，并填充白色。参照图3-136，调整图形位置。

（7）参照图3-137，使用"文本工具" 在视图中分别输入文本"牛仔裤"、"元"和"一切为您省钱 处处让您满意"，并设置文本格式。

图3-136　复制图形

图3-137　添加文字信息

（8）选择工具箱中的"艺术笔工具" ，在属性栏中设置"艺术笔工具宽度"为15mm，参照图3-138在视图中绘制"25"字样图形。

（9）选择刚刚绘制的"25"字样图形，填充红色（M100、Y100），并取消轮廓线的填充，如图3-139所示，完成本实例的制作。

图3-138　绘制字样图形

图3-139　设置颜色

课后练习

1. 制作简笔人物画像，效果如图3-140所示。

要求：

①创建渐变背景。

②使用"艺术笔工具" 绘制人物图形。

2. 绘制卡通人物头像，效果如图3-141所示。

图3-140　效果图（1）

图3-141　效果图（2）

要求：

①创建单色背景。

②使用"贝塞尔工具" 绘制卡通人物头像。

第4课

对象组织与造型

本课知识结构

CorelDRAW X4提供了多个命令来组织图形对象，如对象的排序、对齐、分布、锁定、群组等，还可以通过"相交"、"修剪"、"焊接"等造形命令，在几个已有图形的基础上生成一个新的图形。本章将学习对对象进行组织和造型的方法和技巧，轻松完成设计、制作工作。

就业达标要求

☆ 掌握如何对齐和分布对象　　　　　☆ 掌握对象造型的方法

☆ 掌握对象的排序、群组及锁定操作　☆ 掌握如何使用对象管理器

☆ 掌握如何结合和拆分对象　　　　　☆ 主页的运用

☆ 掌握如何将轮廓转换为对象　　　　☆ 图层的运用

4.1 实例：产品展示（对齐和分布对象）

图4-1　完成效果图

通过对齐对象的操作，可以使页面中的对象按照某个指定的规则在水平方向或者竖直方向上对齐。通过分布对象的操作，可以控制多个图形对象之间的距离，图形对象可以分布在页面范围内或选定的区域范围内。

下面将以"产品展示"为例，详细讲解对齐和分布对象的方法和技巧。制作完成的"产品展示"效果如图4-1所示。

1. 对齐对象

（1）选择"文件"|"打开"命令，或按Ctrl+O快捷键，或者在标准工具栏上单击"打开"按钮，打开"配套资料\Chapter-04\绿色背景.cdr"文件，如图4-2所示。

（2）新建"图层 2"，选择"椭圆工具"，参照图4-3配合Ctrl键在视图中绘制正圆形，填充白色，取消轮廓线的填充。

（3）按下Ctrl+C快捷键复制正圆形，然后按下Ctrl+C快捷键进行粘贴，并对图形的位置进行初步的调整，如图4-4所示。

（4）选择全部正圆形，选择"排列"|"对齐和分布"|"水平居中对齐"命令，使图形水平居中对齐，效果如图4-5所示。

图4-2 素材文件

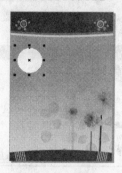

图4-3 绘制正圆形

图4-4 复制正圆形

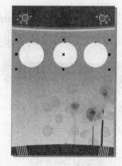

图4-5 对齐正圆形

2. 分布对象

（1）单击属性栏中的"对齐和分布"按钮，打开"对齐和分布"对话框，选择"分布"，然后参照图4-6在该设置区域中进行设置，单击"应用"按钮分布对象，如图4-7所示效果。

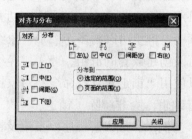

图4-6 "对齐和分布"对话框

图4-7 水平居中分布对象

（2）群组正圆形，然后进行复制，并参照图4-8初步调整图形的位置。

（3）选中全部正圆形，参照图4-9在"对齐和分布"对话框中进行设置，然后单击"应用"按钮分布对象，如图4-10所示效果。

（4）新建"图层 3"，选择"文件"|"打开"命令，打开"配套资料\Chapter-04\鞋.cdr"文件，复制鞋图形到当前正在编辑的文件中，如图4-11所示。

图4-8 群组并复制正圆形

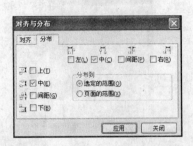

图4-9　"对齐与分布"对话框

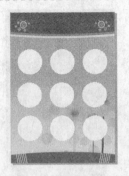

图4-10　继续分布对象

（5）取消正圆形的编组，利用"对齐和分布"对话框使各个鞋子图形与其后方的正圆形中心对齐，并对图形的位置做出细致的调整，完成实例的制作，如图4-12所示效果。

图4-11　添加素材图形

图4-12　调整鞋子图形的位置

4.2　实例：时尚女郎（对象的排序、群组及锁定）

图4-13　完成效果图

复杂的绘图是由一系列相互重叠的对象组成的，而这些对象的排列顺序决定了图形的外观，CorelDRAW X4的排序功能可以安排多个图形对象的前后顺序。群组可以将多个图形对象组合在一起，方便整体操作，还可以创建嵌套的群组。为了避免绘制的图形对象被意外改动，可以使用"锁定对象"命令将对象锁定。将不能再对锁定的对象进行编辑，除非解除了锁定。

下面将以"时尚女郎"为例，详细讲解排序、群组及锁定对象的操作，制作完成的效果如图4-13所示。

1. 对象的排序

（1）选择"文件"｜"打开"命令，打开"配套资料\Chapter-04\时尚女郎素材.cdr"文件。

（2）使用"选择工具" 选中灰色图形，选择"排列"｜"顺序"｜"到图层前面"命令，调整图形的顺序，起到遮盖粉色图形的作用，如图4-14和图4-15所示。

2. 对象的锁定与解锁

在"对象管理器"泊坞窗中以单击铅笔图标的方式锁定背景图层和"图层2"，如图4-16和图4-17所示。

图4-14　选择灰色图形　　　　　　　　　　图4-15　调整图形的顺序

图4-16　"对象管理器"泊坞窗　　　　　　图4-17　锁定图层

 如果要解锁图层，只需在处于锁定状态图层前方的铅笔图标处单击即可。

3. 对象的群组与解组

选中"图层 1"，使用"选择工具" 选中人物图形，选择"排列"|"群组"命令，群组人物图形，如图4-18和图4-19所示。

图4-18　选择人物图形　　　　　　　　　图4-19　群组人物图形

4.3　实例：时尚花纹（结合和拆分对象）

结合可以将多个图形对象合并在一起，创建一个新的对象。拆分可以将一个结合图形对象拆分成多个单独的图形对象。

下面将以"时尚花纹"为例，详细讲解结合和拆分对象的操作方法，完成效果如图4-20所示。

1. 结合对象

（1）选择"文件"|"新建"命令，新建一个横向文档，选择工具箱中的"矩形工具"
，参照图4-21绘制一个与页面大小相同的矩形，填充洋红色（M100），并调整与页面中心
对齐。

图4-20　完成效果图

图4-21　绘制矩形

（2）锁定"图层 1"，新建"图层 2"，选择工具箱中的"贝塞尔工具" ，参照图
4-22在页面中所示位置绘制曲线图形，填充白色，取消轮廓线的填充。

（3）使用"贝塞尔工具" 继续在页面中绘制曲线图形，构成心形图案，如图4-23所示
效果。

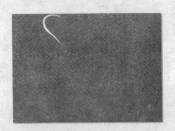
图4-22　绘制曲线图形

图4-23　继续绘制图形

（4）使用"选择工具" 选择绘制的心形图形，选择"排列"|"结合"命令结合对象，
如图4-24和图4-25所示。

图4-24　选择对象

图4-25　结合对象

（5）复制结合的对象，参照图4-26调整复本图形的大小、角度和位置。

2. 拆分对象

（1）参照图4-27选择心形图形，并选择"排列"|"拆分"命令拆分对象，然后调整图
形的位置，加强交错效果，如图4-28所示。

（2）参照图4-29继续拆分页面中的部分心形图形，并调整图形的角度和位置，完成实例
的制作。

图4-26 复制心形图形

图4-27 拆分对象

图4-28 调整图形的位置

图4-29 继续拆分并调整图形

4.4 实例：标志设计（将轮廓转换为对象）

　　将封闭图形对象的轮廓线转换成独立的图形对象，可以分开图形对象的轮廓线和封闭的填充区域。下面将以"标志设计"为例，为大家讲解如何将轮廓转换为对象，完成效果如图4-30所示。

　　（1）选择"文件"|"新建"命令，新建一个横向文档，选择工具箱中的"矩形工具"▭，参照图4-31绘制一个与页面大小相同的矩形，填充10%黑色（K10），并调整与页面中心对齐。

图4-30 完成效果图

图4-31 绘制矩形

　　（2）选择"排列"|"锁定对象"命令，将矩形锁定，选择工具箱中的"文字工具"字，在页面中输入标志中的文字，如图4-32和图4-33所示。

　　（3）选择"排列"|"转换为曲线"命令，将文字对象转换为曲线图形，然后设置填充颜色为白色，轮廓色为黑色，如图4-34和图4-35所示。

　　（4）在属性栏中设置文字图形的"轮廓宽度"为2.0mm，然后选择"排列"|"将轮廓转换为对象"命令，将文字图形分离为独立的两部分，如图4-36和图4-37所示。

　　（5）在"对象管理器"泊坞窗中调整对象的顺序，如图4-38和图4-39所示。

图4-32　创建文字

图4-33　"对象管理器"泊坞窗

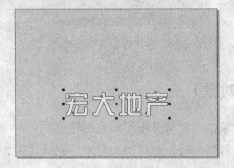

图4-34　将文字对象转换为曲线图形

图4-35　"对象管理器"泊坞窗

图4-36　将轮廓转换为对象

图4-37　"对象管理器"泊坞窗

图4-38　"对象管理器"泊坞窗

图4-39　调整后的效果

（6）设置白色曲线图形的颜色为红色（M99，Y95），然后参照图4-40调整红色图形的位置。

（7）使用"贝塞尔工具" 参照图4-41绘制标志图形，填充红色，设置"轮廓宽度"为1.5mm。

图4-40　调整图形的颜色和位置

图4-41　绘制标志图形

（8）选择"排列"|"将轮廓转换为对象"命令，将图形和轮廓分离开来，然后参照图4-42调整图形的位置。

（9）选择工具箱中的"橡皮擦工具" ，将轮廓图形中多余的部分擦除，完成标志的制作，效果如图4-43所示。

图4-42　将轮廓转换为对象

图4-43　擦除多余图形

4.5　实例：精美图标（对象造型）

造型是利用两个对象间不同方式的相互作用而创建新的对象，分为焊接、修剪、相交、简化等，选择"排列"|"造型"命令，在弹出的子菜单中可以观察到这些命令。

下面将以"精美图标"为例，详细讲解对象造型的操作方法和技巧，制作完成的效果如图4-44所示。

1. 焊接对象

（1）选择"文件"|"打开"命令，打开"配套资料\Chapter-04\精美图标素材.cdr"文件，如图4-45所示。

图4-44　完成效果图

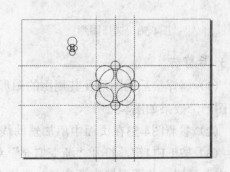

图4-45　素材文件

（2）参照图4-46选择图形中的中间的圆形和上、下、左、右四方的圆形，然后在属性栏中单击"焊接"按钮，焊接图形，效果如图4-47所示。

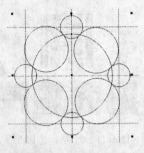

图4-46　选择图形

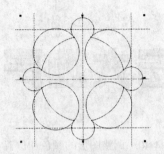

图4-47　焊接图形

2. 修剪对象

（1）参照图4-48将焊接后的图形及其周围的图形全选，单击属性栏中的"修剪"按钮，修剪图形，然后删除多余的图形，得到如图4-49所示的效果。

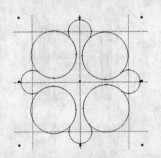

图4-48　选择图形

图4-49　修剪图形

（2）参照图4-50选择图形中的矩形和上、下两端的圆形，单击属性栏中的"焊接"按钮，焊接对象，如图4-51所示。

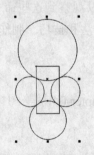

图4-50　选择图形

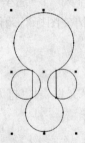

图4-51　焊接图形

3. 后剪前

（1）将焊接后的图形及其周围的图形全选，然后单击属性栏中的"后剪前"按钮，修剪图形，效果如图4-52所示。

（2）参照图4-53在页面中添加辅助线，并调整图形的位置。

（3）按下F11键，打开"渐变填充"对话框，参照图4-54在该对话框中进行设置，单击"确定"按钮，为图形填充渐变色，如图4-55所示。

图4-52 修剪图形

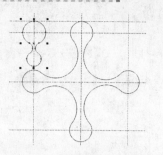

图4-53 调整图形的位置

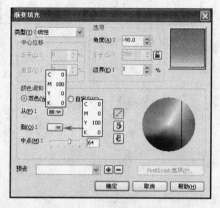

图4-54 "渐变填充"对话框

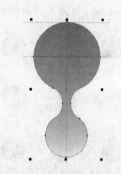

图4-55 渐变填充效果

（4）单击图形中心，显示旋转手柄，参照图4-56调整中心点的位置，然后在属性栏中设置"旋转角度"为45°，效果如图4-57所示。

图4-56 调整旋转中心

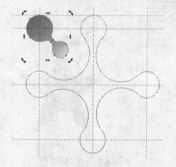

图4-57 调整旋转角度

（5）参照图4-58复制图形，并调整图形的角度和位置。

（6）使用"选择工具"选中中间的图形，参照图4-59在"渐变填充"对话中进行设置，为图形填充渐变色，然后取消全部图形轮廓线的填充，如图4-60所示。

（7）选择全部图形，单击中心，在属性栏中设置旋转角度为45°，旋转整体图形，完成图标的制作，效果如图4-61所示。

4. 相交对象

"相交"通过两个或多个对象重叠的部分来创建新的对象，新建对象的填充和轮廓属性取决于目标对象的填充和轮廓属性。

图4-58　复制并调整图形

图4-59　"渐变填充"对话框

图4-60　渐变填充效果

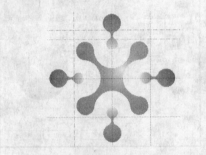

图4-61　调整图形整体的旋转角度

选取两个重叠的图形，选择"排列"|"造形"|"相交"命令，或单击属性栏中的"相交"按钮，完成对象的相交操作，将相交后的新图形移动到其他的位置，效果如图4-62和图4-63所示。

图4-62　选择图形

图4-63　相交图形

5. 简化

"简化"是减去后面图形和前面图形的重叠部分，并保留前面图形和后面图形的状态。

选取两个重叠的图形，选择"排列"|"造形"|"简化"命令，或单击属性栏中的"简化"按钮，完成对象的简化操作，效果如图4-64和图4-65所示。

6. 前减后

"前减后"是减去后面图形，并减去前后图形的重叠部分，保留前面图形的剩余部分。

选取两个重叠的图形，选择"排列"|"造形"|"前减后"命令，或单击属性栏中的"前减后"按钮，完成对象的前减后操作，效果如图4-66和图4-67所示。

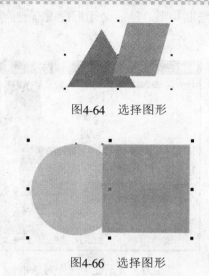

图4-64 选择图形

图4-65 简化图形

图4-66 选择图形

图4-67 前减后效果

4.6 实例：图形设计（对象管理器）

选择"工具"|"对象管理器"命令，会弹出"对象管理器"泊坞窗。绘图的所有对象在"对象管理器"泊坞窗中一目了然。合理组织与安排对象、改变对象的层次关系、选定对象等，都能通过对象管理器来实现。特别是对于一些复杂的绘图，对象管理器是必不可少的，绘图效率将大大提高。

在"对象管理器"泊坞窗中，通过页面、层和对象的树状结构来显示对象的状态和属性，每一个对象都有一个对应的图标和简单的说明来描述对象的属性，如果选择对象管理器中的某一图标，则绘图窗口中相对应的对象也被选中。

下面将以"图形设计"为例，详细讲解"对象管理器"泊坞窗的使用方法，制作完成的效果如图4-68所示。

（1）选择"文件"|"新建"命令，新建文档，双击工具箱中的"矩形工具"，绘制一个与绘图页面同等大小的矩形，按下F11快捷键打开"渐变填充"对话框，参照如图4-69设置各项参数，单击"确定"按钮后完成填充效果，并取消轮廓线的填充，如图4-70所示。

图4-68 完成效果图

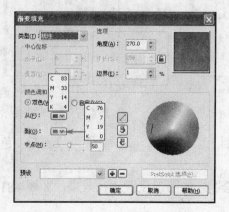

图4-69 "渐变填充"对话框

图4-70 渐变填充效果

（2）使用"矩形工具"▢参照图4-71在页面中绘制矩形，然后为矩形设置渐变色，并取消轮廓线的填充，如图4-72和图4-73所示。

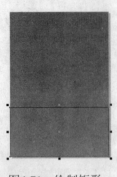

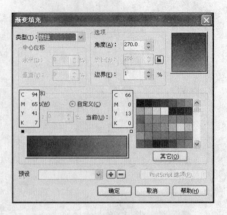

图4-71　绘制矩形　　　　　　　　　　　　图4-72　"渐变填充"对话框

（3）选择"文件"｜"打开"命令，打开"配套资料\Chapter-04\图形设计素材.cdr"文件，将其中的图形复制到当前正在编辑的文件中，如图4-74所示。

图4-73　渐变填充效果　　　　　　　　　图4-74　复制素材图形

（4）锁定"图层 1"，单击"对象管理器"泊坞窗底部的"新建图层"按钮▤，新建"图层 2"，如图4-75～图4-77所示。

图4-75　锁定图层　　　　　　图4-76　单击按钮　　　　　　图4-77　新建图层

（5）使用"贝塞尔工具"▨参照图4-78在页面上绘制图形，然后为图形设置渐变色，并取消轮廓线的填充，如图4-79和图4-80所示效果。

（6）选择"效果"｜"添加透视"命令，为绘制好的图形设置透视效果，如图4-81和图4-82所示。

图4-78 绘制图形

图4-79 "渐变填充"对话框

图4-80 渐变填充效果

图4-81 进入透视编辑状态

图4-82 编辑透视效果

（7）使用"贝塞尔工具" 为调整好透视效果的图形绘制立体透视效果，如图4-83所示，并为图形设置渐变色，如图4-84和图4-85所示。

图4-83 绘制图形

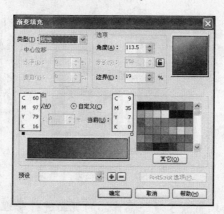

图4-84 "渐变填充"对话框

图4-85 渐变填充效果

（8）在"对象管理器"泊坞窗中选择上一步绘制的图形，并参照图4-86和图4-87调整图形的顺序，得到如图4-88所示的效果。

（9）使用相同方法继续绘制图形，并调整图形的位置，效果如图4-89～图4-91所示。

（10）将"画册设计素材.cdr"文件中的阴影图像复制到当前正在编辑的文件中，并在"对象管理器"中调整图形的顺序，如图4-92～图4-94所示。

（11）使用"文本工具" 添加文字信息，完成实例的制作，效果如图4-95所示。

图4-86 选择图形

图4-87　调整顺序

图4-88　调整顺序后的图形

图4-89　绘制图形

图4-90　调整图形的位置

图4-91　继续绘制图形

图4-92　添加素材图像

图4-93　调整图像的位置

图4-94　图像调整效果

图4-95　添加文字信息

 提示　"对象管理器"泊坞窗除了对整幅作品的页面进行管理外，还可以对主页进行管理。主页是整个绘图所共有的元素，每一个页面都会存在的对象就放在主页上。

4.7　POP海报设计（图层）

CorelDRAW中的"图层"是一种透明的页面，先在不同的图层上绘制好对象，然后将这些"图层"重叠在一起就显示为最后完整的作品。

可以运用"图层"来安排对象的顺序。与Photoshop的图层概念类似，但又有所不同。CorelDRAW X4的图层内可以包括很多的对象，CorelDRAW中的"图层"更着重于如何划分对象和管理对象。"导线"、"桌面"和"网格"都是图层，不过它们是特殊的图层，不能被删除。

下面将以"POP海报设计"为例，详细讲解图层的使用方法和技巧，完成效果如图4-96所示。

（1）选择"文件"|"新建"命令，新建一个横向文档，双击工具箱中的"矩形工具" ▣，绘制出与绘图页面同等大小的一个矩形，填充颜色设置为浅绿色（C52，Y98），并取消轮廓线的填充，如图4-97所示。

图4-96 完成效果图　　　　　　　　　图4-97 绘制矩形

（2）锁定"图层 1"，新建"图层 2"，使用"贝塞尔工具" ▨参照图4-98在页面中绘制图形，均填充为白色。

（3）选择绘制的图形，单击属性栏中的"后剪前"按钮▣，对图形进行修剪，得到如图4-99所示的效果。

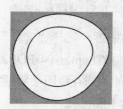 

图4-98 绘制花瓣图形　　　　　　　　　图4-99 修剪图形

（4）使用"贝塞尔工具" ▨在页面中绘制花瓣和花芯图形，效果如图4-100所示。

（5）选择花瓣图形，单击属性栏中的"后剪前"按钮▣，对图形进行修剪，并取消已绘制图形的轮廓线填充，效果如图4-101所示。

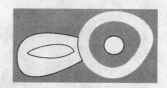 

图4-100 绘制花瓣和花芯图形　　　　　　　图4-101 修剪花瓣图形

（6）使用相同方法绘制其他花瓣图形，将花瓣图形置于花芯图形的下层，如图4-102和图4-103所示。

（7）群组花朵图形，然后参照图4-104调整图形的大小以及在页面中的位置。

（8）将白色花朵复制、粘贴至视图中并调整大小、位置及角度，将其中部分花朵的"轮廓宽度"设置为发丝，轮廓颜色设置为白色，并为页面右侧的两朵白花添加阴影效果，如图4-105所示。

图4-102　继续创建花瓣图形

图4-103　调整图形的顺序

图4-104　调整图形的大小和位置

图4-105　复制花朵图形

图4-106　添加素材图形

（9）群组花朵图形，选择"文件"|"打开"命令，打开"配套资料\Chapter-04\POP海报设计素材.cdr"文件，将其中的装饰花纹图形复制到当前正在编辑的文件中，如图4-106所示。

（10）锁定"图层 2"，新建"图层 3"，使用"贝塞尔工具"绘制女孩，首先绘制出女孩的基本外形，如图4-107所示，然后参照图4-108的效果为图形填充颜色，并取消各部分轮廓线的填充。

（11）参照图4-109调整图形在页面中的位置。

图4-107　绘制人物轮廓

图4-108　填充颜色

图4-109　调整图形的位置

（12）使用"贝塞尔工具"绘制大象，设置填充颜色为淡黄色（Y20）和秋橘红色（M60，Y80），并取消轮廓线的填充，如图4-110和图4-111所示效果。

图4-110　添加素材图形

图4-111　填充颜色

（13）使用"贝塞尔工具" 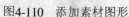继续绘制大象图形中的细节图形，并调整图形在页面中的位置，如图4-112和图4-113所示。

图4-112　继续绘制图形

图4-113　调整图形的位置

（14）使用"贝塞尔工具" 参照图4-114绘制向日葵图形，然后调整其在页面中的位置，如图4-115所示。

图4-114　绘制向日葵图形

图4-115　调整图形的位置

（15）复制向日葵，粘贴至页面右上角，调整大小，使用"交互式阴影工具" 为图形添加投影效果，操作完毕后连同阴影复制、粘贴至原位一次，使阴影加深，如图4-116所示。

（16）新建"图层4"，选择"贝塞尔工具" ，参照图4-117在页面中绘制艺术字"好消息"，并设置填充颜色为红色（M99，Y95）。

图4-116　复制向日葵图形

图4-117　绘制艺术字

（17）使用"选择工具" 🔲 选择"好"字左半边的两部分图形，选择"排列" | "造形" | "后剪前"命令，创建镂空效果，并取消文字图形轮廓线的填充，如图4-118所示。

（18）使用"贝塞尔工具" 📐 绘制艺术字黑色及白色描边图形，绘制完毕后选择"排列" | "顺序" | "置于此对象后"命令置于文字后部，并群组艺术字，如图4-119和图4-120所示。

图4-118　创建镂空效果

图4-119　绘制描边图形

（19）使用"贝塞尔工具" 📐 绘制艺术字的高光部分，设置填充颜色为淡黄色（C2，M2，Y23），产生如图4-121所示的立体化效果，然后群组高光图形。

图4-120　调整图形的顺序

图4-121　绘制高光图形

（20）使用"贝塞尔工具" 📐 绘制艺术字"新书上市"，填充颜色后使用"交互式阴影工具" 🔲 为文字图形添加阴影效果，如图4-122～图4-124所示。

图4-122　绘制文字图形

图4-123　设置图形颜色

图4-124　添加阴影效果

（21）使用"贝塞尔工具" 📐 在如图4-125所示位置绘制书名，字体颜色设置为浅黄色（Y60），书名号颜色设置为深一些的黄色（C4，Y2，M76），取消轮廓线的填充后群组。

（22）使用"贝塞尔工具" 📐 绘制艺术字"会员8折"，并为其添加阴影图形，如图4-126所示效果。

（23）将"POP海报设计素材.cdr"文件中的标志图形复制到当前正在编辑的文件中，如图4-127所示。

（24）参照图4-128在"对象管理器"泊坞窗中选中图形，然后调整图形的顺序，完成实例的制作，如图4-129和图4-130所示。

图4-125 绘制书名

图4-126 绘制艺术字图形

图4-127 添加素材图形

图4-128 选择图形

图4-129 调整图形的顺序

图4-130 调整顺序后的效果

课后练习

1. 利用对齐与分布功能制作如图4-131所示的图形。

要求：

①使用"矩形工具" □ 绘制矩形。

②为矩形填充不同的颜色。

③在"对齐和分布"对话框中进行操作，完成图形的制作。

2. 利用本课中的造型知识制作如图4-132所示的花朵图形。

图4-131　效果图（1）

图4-132　效果图（2）

要求：

①使用"椭圆形工具" ⊙ 和"贝塞尔工具" ⬚ 绘制出所需的圆形和曲线图形。

②使用"焊接" ⬚ 和"后剪前" ⬚ 按钮制作出花朵图形。

第5课

编辑轮廓线与填充

本课知识结构

CorelDRAW X4中的每个对象都具有"轮廓线"和"填充"两个属性。CorelDRAW X4提供了丰富的"轮廓线"和"填充"的选项设置。用户可以自定义图形轮廓线的"线宽"、"颜色"、"笔尖形状"等内容；用户还可以对颜色填充、渐变填充、图样填充、底纹填充和PostScript填充5种"填充"类型进行设置。本课将学习编辑图形轮廓线和颜色填充的方法和技巧，使读者制作出精美的轮廓和填充效果。

就业达标要求

☆ 编辑轮廓线 　　　　　　　　☆ 颜色填充

☆ 渐变填充 　　　　　　　　　☆ 图样填充和底纹填充

☆ PostScript填充 　　　　　　☆ 交互式填充

☆ 交互式网状填充 　　　　　　☆ 智能填充工具

☆ 滴管工具 　　　　　　　　　☆ 颜料桶工具

5.1 实例：五谷丰登（编辑轮廓线）

轮廓线是指一个图形对象的边缘。在CorelDRAW X4中，除了可以指定轮廓线的颜色外，还可以改变宽度和样式。下面将以"五谷丰登"为例，详细讲解图形轮廓线颜色、宽度和样式的设置。绘制完成的"五谷丰登"效果如图5-1所示。

（1）按Ctrl+N快捷键，新建一个图形文件。选择"矩形工具" ，绘制一个矩形。

（2）选取矩形，单击"轮廓工具" ，弹出"轮廓工具"的展开工具栏，如图5-2所示。选择"画笔"选项或按F12快捷键，弹出"轮廓笔"对话框，如图5-3所示。

图5-1　五谷丰登

图5-2　轮廓展开工具栏

（3）在"轮廓笔"对话框中，设置轮廓线颜色为（C10，M16，Y58）。

（4）在"轮廓笔"对话框中，设置轮廓线宽度为1.0mm。

（5）在"轮廓笔"对话框中，设置轮廓线的样式[⎯⎯⎯⎯⎯⎯⎯⎯⎯⎯⎯⎯⎯]，单击"确定"按钮，轮廓线效果如图5-4所示。

图5-3　"轮廓笔"对话框　　　　　　　　图5-4　设置矩形的轮廓线

　在"轮廓展开工具栏"中🖊为"轮廓画笔对话框"工具，可以编辑图形对象的轮廓线；🖌为"轮廓颜色对话框"工具，可以编辑图形对象的轮廓线颜色；✕ ⧗ ⎯ ⎯ ▬ ▬ ■ ■的8个按钮是设置图形对象的轮廓宽度的，分别是无轮廓、细线轮廓、1/2点轮廓、1点轮廓、2点轮廓、8点轮廓、16点轮廓（中粗）、24点轮廓（粗）。单击▦按钮，可以弹出"颜色"泊坞窗。

• "颜色"选项可以设置轮廓线的颜色，单击颜色列表框[▢▽]，弹出颜色下拉列表，如图5-5所示。可以在颜色下拉列表中选择需要的颜色，也可以单击"其它"按钮，弹出"选择颜色"对话框，如图5-6所示，在该对话框中可以调配需要的颜色。

图5-5　"轮廓笔"对话框　　　　　　　　图5-6　设置矩形的轮廓线

　图形对象处于选取状态下，直接在调色板中需要的颜色上单击鼠标右键，可以快速填充轮廓线颜色。

• "宽度"选项可以设置轮廓线的宽度值和度量单位，如图5-7和图5-8所示，也可以在数值框中直接输入宽度数值。

图5-7 设置轮廓线宽度值

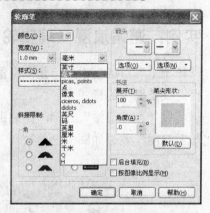

图5-8 设置轮廓线宽度度量单位

- "样式"选项可以设置轮廓线的样式，单击样式列表框 ，弹出样式下拉列表，如图 5-9所示。单击 编辑样式 按钮，弹出"编辑线条样式"对话框，如图5-10所示。该对话框 上方是编辑条，右下方是预览框。

图5-9 设置轮廓线样式

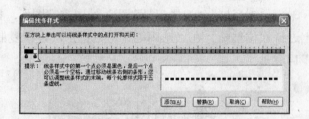

图5-10 "编辑线条样式"对话框

提示

在编辑条上单击或拖动可以编辑出新的线条样式，下面的两个锁型图标 分别表 示起点循环位置和终点循环位置。线条样式的第一个点必须是黑色，最后一个点 必须是一个空格。线条右侧的是滑动标记，是线条样式的结尾。编辑好线条样式 后，预览框将生成线条应用样式，就是将编辑好的线条样式不断地重复。拖动滑 动标记，单击编辑条上的白色方块，白色方块变为黑色，单击黑色方块，黑色方 块变为白色，如图5-11所示。编辑好需要的线条样式后，单击"添加"按钮，可 以将新编辑的线条样式添加到"样式"下拉列表中，单击"替换"按钮，新编辑 的线条样式将替换原来在下拉列表中选中的线条样式。

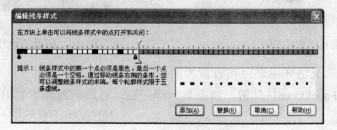

图5-11 编辑线条样式

5.2   实例：邂逅浪漫（编辑轮廓线）

在"轮廓笔"对话框中，"角"设置区可以设置轮廓线拐角的样式，"线条端头"设置区可以设置线条端头的样式。

下面将以"邂逅浪漫"为例，详细讲解图形轮廓线拐角样式、线条端头的设置。绘制完成的"邂逅浪漫"效果如图5-12所示。

图5-12   邂逅浪漫

（1）选择"文件"|"打开"命令，或按Ctrl+O快捷键，或者在标准工具栏上单击"打开"按钮▣，打开"配套资料\Chapter-05\邂逅浪漫素材.cdr"文件，如图5-13所示。

（2）选择"选择工具"▣，选取文字图形，按Ctrl+C快捷键进行复制，按Ctrl+V快捷键进行原位粘贴。在"轮廓笔"对话框中，设置复制图形的轮廓线宽度为4.0mm，效果如图5-14所示。

图5-13   素材文件

图5-14   图形轮廓线效果

（3）在"轮廓笔"对话框的"角"设置区设置轮廓线拐角的样式为"圆角"，如图5-15所示，图形轮廓线效果如图5-16所示。

图5-15   设置轮廓线的拐角样式

图5-16   图形轮廓线的圆角样式

（4）将图形填充色和轮廓色均设置为白色，如图5-17所示。

（5）按Ctrl+PageDown快捷键，将图形后移一层，选取前面图形并填充洋红，效果如图5-18所示。

图5-17 设置图形填充色和轮廓色　　　　图5-18 调整图形排列顺序

- 在"轮廓笔"对话框的"角"设置区可以设置轮廓线拐角的样式，尖角、圆角和平角3种拐角样式的效果如图5-19所示。
- 在"轮廓笔"对话框的"线条端头"设置区可以设置线条端头的样式，3种线条端头样式的效果如图5-20所示。

图5-19 3种轮廓线拐角样式　　　　　　图5-20 3种线条端头样式

- 在"轮廓笔"对话框的"箭头"设置区可以设置线条两端的箭头样式，"箭头"设置区中提供了两个样式框，左侧的样式框用来设置箭头样式，右侧的样式框用来设置箭尾样式，如图5-21所示。在"箭头样式"列表和"箭尾样式"列表中选择需要的箭头和箭尾样式，效果如图5-22所示。

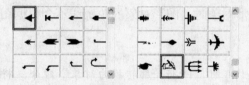

图5-21 箭头样式和箭尾样式　　　　　　图5-22 设置曲线箭头样式

 提示

在"箭头"设置区中单击"选项"按钮，弹出如图5-23所示的下拉菜单。选择"无"选项，将不设置箭头的样式；选择"对换"选项，可将箭头和箭尾样式对换；选择"新建"命令，弹出"编辑箭头尖"对话框，如图5-24所示，可以将一个新的箭头样式添加到"箭头样式"下拉列表中；选择"编辑"命令，可以对原来选择的箭头样式进行编辑，新编辑的箭头样式会覆盖原来"箭头样式"下拉列表中选中的箭头样式。

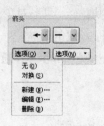

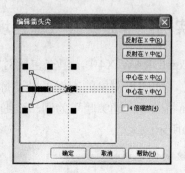

图5-23 箭头设置下拉菜单　　　　　　图5-24 "编辑箭头尖"对话框

在"编辑箭头尖"对话框中，可以单击"反射在X中"、"反射在Y中"、"中心在X中"、"中心在Y中"4个按钮，将被编辑的线条准确地定位在线条的中心，或水平、垂直翻转180度；选中"4倍缩放"单选按钮，可以将"编辑箭头尖"对话框中的箭头放大4倍，方便对箭头的编辑；拖动箭头周围的黑色方块■，可以变换箭头的大小，拖动箭头周围的白色方块□，可以移动箭头的位置。

- 在"轮廓笔"对话框中的"书法"设置区可以设置笔尖的展开和角度，笔尖效果如图5-25所示。
- 在"轮廓笔"对话框中，选择"后台填充"选项，会将图形对象的轮廓置于图形对象的填充之后。图形对象的填充会遮挡图形对象的轮廓颜色，只能观察到轮廓的一段宽度的颜色，如图5-26所示。

 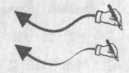　　　　

图5-25　设置笔尖效果　　　　　　　图5-26　选择"后台填充"选项的轮廓效果

- 在"轮廓笔"对话框中，选择"按图像比例显示"选项，在缩放图形对象时，图形对象的轮廓线会根据图形对象的大小改变，使图形对象的整体效果保持不变；如果不选择"按图像比例显示"选项，在缩放图形对象时，图形对象的轮廓线不会根据图形对象的大小改变，如图5-27所示。

 对于绘图工具绘制的封闭对象，选择"排列"|"将轮廓转换为对象"命令，将其轮廓线转换成独立的对象，可以分开对象的轮廓线和封闭区域，从而得到更大的编辑弹性，如图5-28所示。

图5-27　轮廓线随图形大小而改变　　　　　图5-28　将轮廓转换为对象

5.3　实例：卡通笑脸（单色填充）

在CorelDRAW X4中，填充包括对图形对象的轮廓和内部的填充。图形对象的轮廓只能填充单色，而图形对象的内部可以进行单色、渐变、图案等多种方式的填充。

下面将以"卡通笑脸"为例，详细讲解单色填充方法。填充颜色后的"卡通笑脸"效果如图5-29所示。

1. 使用调色板

（1）选择"文件"|"打开"命令，或按Ctrl+O快捷键，或者在标准工具栏上单击"打

开"按钮 ，打开"配套资料\Chapter-05\卡通笑脸素材.cdr"文件，如图5-30所示。

图5-29 卡通笑脸

图5-30 素材文件

（2）为图形填充颜色的最简单、直接的方法是使用调色板。CorelDRAW X4提供了多种调色板，选择"窗口"|"调色板"命令，将弹出可供选择的多种颜色调色板，如图5-31所示，默认选中"默认CMYK调色板"。

（3）调色板一般在屏幕的右侧，使用"选择工具"选中屏幕右侧的条形色板，用鼠标左键拖动条形色板到屏幕的中间，调色板如图5-32所示。

图5-31 调色板菜单

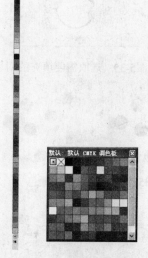

图5-32 颜色调色板

提示 在色盘上单击 图标，弹出快捷菜单，如图5-33所示。选择"自定义"命令，弹出"选项"对话框，在"调色板"设置区中将最大列数设置为"3"，如图5-34所示。

（4）选取需要填充的对象，如图5-35所示。

（5）在调色板的选中颜色上单击鼠标，图形对象的内部即被选中的颜色填充。单击调色板中的 ，可取消对图形对象内部的颜色填充，效果如图5-36所示。

（6）在调色板的选中颜色上单击鼠标右键，图形对象的轮廓线即被选中的颜色填充；用鼠标右键单击调色板中的 ，可取消对图形对象轮廓线的填充，如图5-37所示。

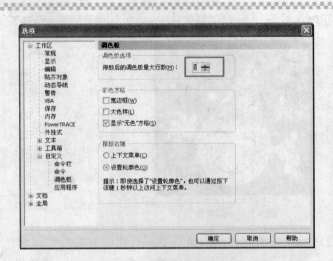

图5-33　调色板快捷菜单　　　　　　　　　图5-34　设置调整色板显示方式

图5-35　选取需要填充的对象

图5-36　选择颜色并填充对象

图5-37　填充轮廓线颜色

（7）用鼠标在调色板中选择颜色，拖动颜色到对象上或对象轮廓线上，也可以给对象内部或轮廓线填充颜色，如图5-38所示。

（8）在调色板上单击并按住鼠标左键会弹出与所选色样相邻的颜色，如图5-39所示。

图5-38　拖动颜色填充对象内部和轮廓线

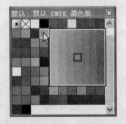

图5-39　调色板中相邻颜色设置

2. 使用"均匀填充"对话框

选取需要填充的对象，单击"填充工具" ，弹出"填充工具" 的展开工具栏，选择"颜色"选项■，弹出"均匀填充"对话框，该对话框提供了模型、混合器和调色板3种颜色设置方式。

（1）模型：单击"模型"下拉列表框，选择颜色模式，可以在输入框中直接键入数值（M30），或者通过调色框和移动游标改变颜色，如图5-40所示。

图5-40　在模型调配颜色

（2）混合器：利用混合器可以调配特定的一组颜色，如图5-41所示。通过转动色环或从"色度"选项下拉列表中选择各种形状，可以设置需要的颜色；从"变化"选项的下拉列表中选择各种选项，可以调整颜色的明度；调整"大小"选项的滑动块可以使选择的颜色更丰富。

（3）调色板：通过CorelDRAW X4中已有颜色库中的颜色来填充图形对象，如图5-42所示。在"调色板"选项的下拉列表中可以选择需要颜色库；在色板的颜色上单击就可以选中需要的颜色，调整"淡色"选项的滑动块可以使选择的颜色变淡。

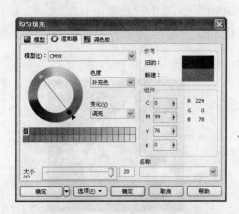
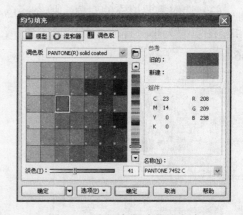

图5-41　在混合器中调配颜色　　　　　图5-42　在调色板中调配颜色

3. 使用"颜色"泊坞窗

（1）选取需要填充的对象，单击"填充工具"，弹出"填充工具"的展开工具栏，选择"颜色"选项，弹出"颜色"泊坞窗。

（2）在"颜色"泊坞窗中调配颜色（M80），单击"填充"按钮，将颜色填充到对象的内部，如图5-43所示。单击"轮廓"按钮，将填充颜色到对象的轮廓线。

在"颜色"泊坞窗的右上角有3个按钮，分别是"显示颜色滑块"、"显示颜色查看器"、"显示调色板"。分别单击3个按钮可以选择不同的调配颜色的方式，如图5-44所示。

图5-43　"颜色"泊坞窗

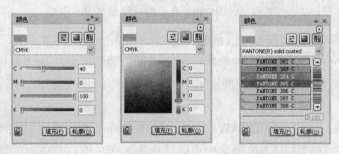

图5-44　3种调配颜色的方式

（3）选取需要填充的对象，填充颜色，如图5-45所示。双击"矩形工具" ，绘制出一个和绘图页面大小一样的矩形，填充黑色，按Ctrl+End快捷键，将矩形置于页面后面，如图5-46所示。

图5-45　调配并填充颜色

图5-46　绘制与页面大小一样的矩形

5.4　实例：梅花（编辑对象颜色）

使用"颜色样式"泊坞窗可以编辑图形对象的颜色。

下面将以"梅花"为例，详细讲解编辑对象颜色的具体方法。编辑完成的"梅花"效果如图5-47所示。

（1）选择"文件"｜"打开"命令，或按Ctrl+O快捷键，或者在标准工具栏上单击"打开"按钮 ，打开"配套资料\Chapter-05\梅花素材.cdr"文件，如图5-48所示。

（2）选择"窗口"｜"泊坞窗"｜"颜色样式"命令，或选择"工具"｜"颜色样式"命令，弹出"颜色样式"泊坞窗，如图5-49所示。

图5-47　梅花　　　　　　　　　　　　　　　图5-48　素材文件

（3）按Ctrl+A快捷键选取页面中的全部图形，在"颜色样式"泊坞窗中单击"自动创建颜色样式"按钮，弹出"自动创建颜色样式"对话框，在该对话框中单击"预览"按钮，显示全部图形对象的颜色，如图5-50所示。

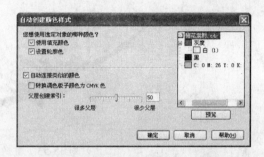

图5-49　"颜色样式"泊坞窗　　　　　　图5-50　"自动创建颜色样式"对话框

（4）在"颜色样式"泊坞窗中双击图形对象的文件夹，展开图形对象的所有颜色样式，如图5-51所示。

图5-51　展开图形颜色样式

（5）在"颜色样式"泊坞窗中单击要编辑的颜色，再单击"编辑颜色样式"按钮，弹出"编辑颜色样式"对话框，在该对话框中调配好颜色，如图5-52所示。

（6）单击"确定"按钮，图形中的颜色被新调配的颜色替换，如图5-53所示。

　经过特殊效果处理后，图形对象产生的颜色不能被纳入颜色样式中，如渐变、立体化、透明、滤镜等效果。位图对象不能进行编辑颜色样式的操作。

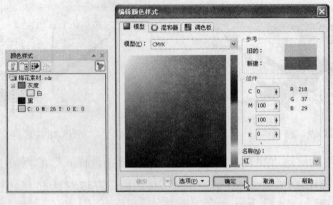

图5-52　编辑颜色样式

图5-53　替换图形颜色

5.5　创建自定义调色板

　　将设计制作中经常使用的颜色放在专用的调色板里，可以省去重复调色的时间，提高工作效率。

　　在CorelDRAW X4中，允许用户自定义调色板。创建了新的自定义调色板后，调色板中没有任何颜色，必须将所需的颜色添加到调色板中。下面介绍创建和使用自定义调色板的方法。

图5-54　"调色板编辑器"对话框

1. 创建自定义调色板

　　（1）选择"工具"｜"调色板编辑器"命令，弹出"调色板编辑器"对话框，如图5-54所示。

　　（2）在"调色板编辑器"对话框中单击"新建调色板"按钮，弹出"新建调色板"对话框，在该对话框中输入自定义调色板的名称，如图5-55所示。

　　（3）设置好后，单击"保存"按钮，弹出如图5-56所示对话框。

　　（4）单击"添加颜色"按钮，弹出"选择颜色"对话框，如图5-57所示，调配好一个颜色后，单击"确定"按钮，可以将一个颜色添加到调色板中，再调配好一个颜色后，再单击"确定"按钮，可以将第二个颜色添加到调色板中。使用相同的方法可以将多个需要的颜色添加到自定义调色板中。

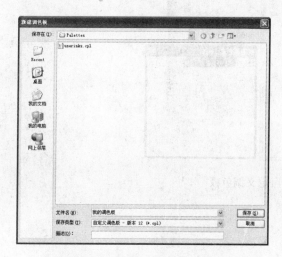

图5-55 "新建调色板"对话框

图5-56 "调色板编辑器"对话框

（5）添加好颜色后，单击"关闭"按钮，关闭"选择颜色"对话框，"调色板编辑器"对话框效果如图5-58所示。单击"确定"按钮，自定义专用调色板设置完成。

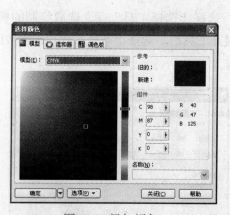

图5-57 添加颜色

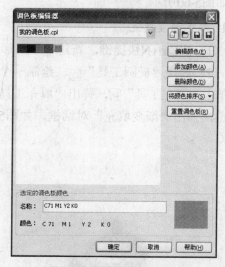

图5-58 自定义的调色板

（6）自定义调色板设置好后如果想继续对它进行编辑，需重新选择"工具"|"调色板编辑器"命令，弹出"调色板编辑器"对话框，在"调色板编辑器"对话框中单击"打开调色板"按钮，将自定义调色板打开，再继续编辑即可。

2. 使用自定义调色板

（1）选择"窗口"|"调色板"|"调色板浏览器"命令，弹出"调色板浏览器"对话框。

（2）在"调色板浏览器"对话框中勾选"我的调色板"复选框，弹出"我的调色板"窗口，如图5-59所示。

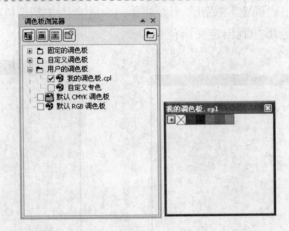

图5-59　使用自定义调色板

5.6　实例：美好祝福（渐变填充）

在绘制图形和设计制作时经常应用到渐变填充，CorelDRAW X4提供了线性、射线、圆锥和方角4种渐变类型，可以绘制出多种渐变颜色效果。

下面将以"美好祝福"为例，详细讲解渐变填充的方法和技巧。绘制完成的"美好祝福"效果如图5-60所示。

1. 双色渐变填充

（1）按Ctrl+N快捷键，新建一个图形文件。

（2）选择"椭圆工具"🔘，绘制一个椭圆形。选择"选择工具"🔖，选取绘制的椭圆形，单击"填充工具"🖱，弹出"填充工具"🖱的展开工具栏，选择"渐变"选项，或按F11快捷键，弹出"渐变填充"对话框，如图5-61所示。

图5-60　美好祝福

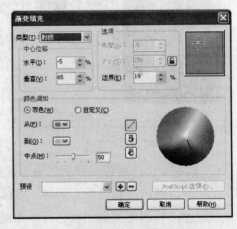

图5-61　设置渐变填充

（3）在"类型"下拉列表框中选择"射线"渐变类型。"射线"渐变是从起点到终点以圆的形式向外发散逐渐改变。在"步长"选项中设定渐变的阶层，一般设置为256。这个数值越大，渐变越显平滑。在"边界"选项中设定变化边缘的厚度为19，数值在0～49之间变化，数值越大，边缘看起来就越明显。

（4）在渐变预览图 中拖动鼠标，调整"中心位移"。

（5）单击选择"双色"单选框，表示将一种颜色与另一种颜色混合。为椭圆形填充从颜色（C7，M49，Y4）到颜色（C4，M19，Y4）的射线渐变，去除椭圆形轮廓线，效果如图5-62所示。

图5-62 椭圆形填充射线渐变

 "颜色调和"设置区中的3个按钮，可以用来确定颜色在"色轮"中所要遵循的路径。 表示由沿直线变化的色相和饱和度来决定中间的填充颜色， 表示以"色轮"中沿逆时针路径变化的色相和饱和度决定中间的填充颜色， 表示以"色轮"中沿顺时针路径变化的色相和饱和度决定中间的填充颜色。

（6）绘制其他图形，并填充射线渐变，如图5-63所示。

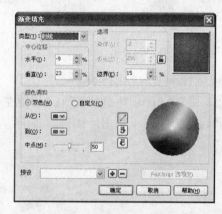

图5-63 图形填充射线渐变

（7）选择"贝塞尔工具" ，绘制图形，选择"选择工具" ，选取绘制的曲线图形。

（8）单击"填充工具" ，弹出"填充工具" 的展开工具栏，选择"渐变"选项，弹出"渐变填充"对话框，在"类型"下拉列表框中选择"线性"渐变类型。"线性"渐变是从起点到终点线性渐变。

（9）在"角度"选项中设置分界线的角度，取值范围在-360～360之间。在"步长"选项中设定渐变的阶层，一般设置为256。这个数值越大，渐变越平滑。在"边界"选项中设定变化边缘的厚度为12，数值在0～49之间变化，数值越大，边缘看起来就越明显。

（10）选择"双色"颜色调和选项，可以制作两种颜色的渐变。为曲线图形填充从颜色（C4，M40，Y91）到颜色（C4，M4，Y89）的线性渐变，去除图形轮廓线，效果如图5-64所示。

（11）调整渐变颜色的中点 （使两种颜色各占50%的点）。

 "角度"选项只有在选择"线性"渐变时才可用。由于"射线"渐变是以一点为圆心，向外扩散的一种渐变方式，所以"射线"渐变没有渐变角度控制。CorelDRAW X4提供了线性、射线、圆锥和方角4种渐变类型，4种渐变类型效果如图5-65所示。

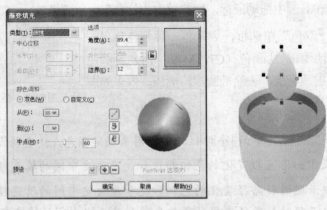

图5-64　图形填充线性渐变

图5-65　4种渐变类型的效果

（12）绘制其他图形，并填充射线或线性渐变，如图5-66所示。

（13）选取群组的小花图形，选择"效果"|"图框精确剪裁"|"放置在容器中"命令，此时光标显示为➡图标。将光标移动到曲线图形边框上单击，图形即置于曲线图形中，效果如图5-67所示。

图5-66　图形填充渐变

图5-67　应用"图框精确剪裁"的效果

2. 自定义渐变填充

（1）选择"星形工具"，在星形边数和锐度输入框☆ 4 ▲ 70 中输入数值为4、70，绘制一个星形。

（2）单击"填充工具"，弹出"填充工具"的展开工具栏，选择"渐变"选项，弹出"渐变填充"对话框，在"类型"下拉列表框中选择"线性"渐变类型。

（3）单击选择"自定义"单选框，可以制作两种颜色以上的渐变。在"颜色调和"设置区中，显示出"预览色带"和"调色板"，在"预览色带"上方的左右两侧各有一个小正方形，分别表示自定义渐变填充的起点颜色和终点颜色。单击小正方形将其选中，再单击调色板中的颜色，可改变自定义渐变填充起点的颜色（C4，M4，Y84）和终点的颜色（C4，M22，Y93）。

（4）在"预览色带"上双击，将在预览色带上产生一个黑色倒三角形▼，也就是新增了一个渐变颜色标记，在"调色板"中单击需要的渐变颜色，"当前"选项中显示的颜色就是当前新增渐变颜色标记的颜色（C4，M26，Y85）。

（5）单击并拖动颜色标记，可以调整渐变颜色的位置，改变"位置"选项中的数值也可以改变渐变颜色位置，"位置"选项中显示的百分数 51 %就是渐变颜色标记的位置。

（6）使用相同的方法，新增另一个渐变颜色（C5，M49，Y87）。

（7）为星形填充自定义的线性渐变颜色，选项及参数设置如图5-68所示。

（8）复制、缩放星形，效果如图5-69所示。

图5-68　设置自定义渐变填充

图5-69　星形效果

　"渐变填充"对话框的"预设"下拉列表框中包括软件自带的渐变效果，可以直接选择需要的渐变效果来完成对象的渐变填充，效果如图5-70所示。

图5-70　应用渐变填充样式

5.7　实例：女人花（交互式填充）

交互式填充是CorelDRAW X4的特色之一，可以更加方便、直观地调节填充效果。

下面将以"女人花"为例，详细讲解"交互式填充工具"的使用方法和技巧。绘制完成的"女人花"效果如图5-71所示。

图5-71　女人花

1. 使用属性栏填充

（1）按Ctrl+N快捷键，新建一个图形文件。

（2）选择"贝塞尔工具" ，绘制玫瑰花图形，如图5-72所示。选择"交互式填充工具"
，弹出其属性栏，如图5-73所示。

图5-72　绘制图形

图5-73　"交互式填充工具"属性栏

（3）在属性栏的 下拉列表中选择填充类型为"线
性"，如图5-74所示。图形以预设的颜色填充，如图5-75所示。

图5-74　选择填充类型

（4）属性栏中的 用于设置渐变起点（M100）和终点颜色
（C50，M100），在 50 %中输入数值可以设置渐变的中心点，在
-90.0 中输入数值可以设置渐变的角度；在 19 %中输入数
值可以设置渐变的边缘宽度，在 256 中设置渐变的层次，效果如
图5-76所示。

图5-75　以预设的颜色填充图形

图5-76　使用属性栏填充渐变

2. 使用工具填充

（1）选择"贝塞尔工具" ，绘制女人图形，如图5-77所示。

（2）选择"交互式填充工具" ，在起点颜色的位置单击并按住鼠标左键拖动鼠标到
适当的位置，松开鼠标左键，为图形填充了预设的颜色，效果如图5-78所示。在拖动的过程
中可以控制渐变的角度、渐变的边缘宽度等渐变属性。

图5-77　绘制图形

图5-78　以预设的颜色填充图形

（3）在渐变虚线上双击，可以添加颜色标记，如图5-79所示。在"调色板"中单击需要
的渐变颜色，如图5-80所示。

（4）拖动起点和终点可以改变渐变的角度和边缘宽度，拖动中间点可以调整渐变颜色
的分布。

图5-79　添加颜色标记

图5-80　设置渐变颜色

（5）拖动渐变虚线，可以控制颜色渐变与图形之间的相对位置。

（6）选择"贝塞尔工具"，绘制翅膀图形，如图5-81所示。选取图形，选择"艺术笔工具"，并单击属性栏中的"笔刷"按钮，在属性栏中设置宽度和笔刷形状，图形应用笔刷形状的效果如图5-82所示。

图5-81　绘制图形

图5-82　图形应用笔刷形状的效果

5.8　实例：花花草草（交互式网状填充）

交互式网状填充可以轻松实现平滑的颜色过渡，制作出变化丰富的网状填充效果，还可以为每个网点填充不同的颜色并定义颜色填充的扭曲方向。

下面将以"花花草草"为例，详细讲解"交互式网状填充工具"的使用方法和技巧。"交互式网状填充工具"属性栏如图5-83所示。绘制完成的"花花草草"效果如图5-84所示。

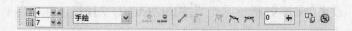

图5-83　"交互式网状填充工具"属性栏

图5-84　花花草草

（1）按Ctrl+N快捷键，新建一个图形文件。

（2）选择"贝塞尔工具"，绘制图形，如图5-85所示。选择"交互式填充工具"展开工具栏中的"交互式网状填充工具"，此时图形中将出现如图5-86所示的网格。

图5-85　绘制图形

图5-86　出现的网格

（3）在属性栏的中设置参数为4和7，效果如图5-87所示。网格是由节点构成的，可以对节点和网格进行编辑，单击选中如图5-88所示的节点。

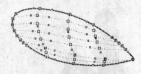
图5-87　添加网格

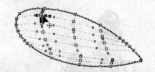
图5-88　选择的节点

（4）为选择的节点设置颜色（M45），效果如图5-89所示。

（5）选择其他的节点，并设置不同的颜色，选择并移动节点，扭曲颜色填充的方向，效果如图5-90所示。

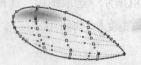
图5-89　为节点设置颜色

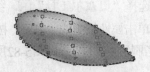
图5-90　添加颜色的效果

技巧　单击 可以增加节点（双击也可以），单击 可以删除节点，如果要清除网状效果可以单击 按钮。

（6）去除花瓣图形轮廓线，效果如图5-91所示。

（7）选取花瓣图形，按Ctrl+C快捷键复制，按Ctrl+V快捷键粘贴。选择花瓣图形，然后双击，旋转和倾斜手柄显示为双箭头，显示中心标记，拖动中心标记来指定旋转中心，如图5-92所示。

图5-91　去除花瓣轮廓线

图5-92　指定旋转中心

（8）将鼠标光标移动到旋转控制手柄 上，按住Ctrl键，按下鼠标左键，拖动鼠标旋转图形，释放鼠标，图形旋转30°，效果如图5-93所示。连续按10次Ctrl+D快捷键，连续再制花瓣图形，效果如图5-94所示。

图5-93　旋转再制花瓣图形

图5-94　连续再制花瓣图形

（9）选择"椭圆工具" ，绘制一个椭圆形。为椭圆形填充从黄色到橙色的线性渐变颜色，选项及参数设置如图5-95所示，去除轮廓线，效果如图5-96所示。按Ctrl+G快捷键群组花瓣和花心。

（10）选择"艺术笔工具" ，并单击属性栏中的"喷罐"按钮 ，在属性栏的"喷涂列表文件列表"下拉列表框中 选择一种图形，在页面中拖动鼠标，喷绘出图形的效果，如图5-97所示。

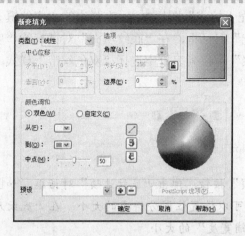

图5-95 设置渐变填充

图5-96 椭圆形填充线性渐变

（11）复制、缩放花朵图案，效果如图5-98所示。

图5-97 喷绘的图形效果

图5-98 复制、缩放花朵图案

5.9 实例："福到"（图样填充、底纹填充、PostScript填充）

底纹填充是随机产生的填充，使用小块的位图填充图形，可以为图形添加那些看起来像云彩、水、矿石、苔藓的底纹图案，CorelDRAW提供了几百种预先生成的底纹样式，每种样式又都有不同的选项供选择。底纹填充只能使用RGB颜色，因此，打印输出时可能会与屏幕显示的颜色有差别。

图样填充是将图案以平铺的方式填充到图形中。可以导入位图或矢量图作为图样填充，也可以创建简单的双色图样。

PostScript填充是利用PostScript语言设计出的一种特殊的图案填充，只有在"增强"视图模式下，PostScript填充的底纹才能显示出来。

下面将以"福到"为例，详细讲解对象的对齐和分布的使用方法和技巧。绘制完成的"福到"效果如图5-99所示，"福"字倒贴，寓意"福到"。

图5-99 福到

1. 底纹填充

（1）按Ctrl+N快捷键，新建一个图形文件。

（2）选择"多边形工具" ，在 中输入数值为4，按住Ctrl键绘制一个菱形。

（3）选取菱形，去除菱形轮廓线，选择"交互式填充工具" ，在属性栏中选择"底纹填充"填充类型，如图5-100所示。单击"填充下拉式"图标 ，在弹出的"底纹填充"下拉列表中单击"其他"按钮，弹出"底纹填充"对话框，在"底纹填充"对话框的"底纹库"下拉列表框中选择"样品"，在"底纹列表"下拉列表框中选择"双色丝带"样式，第1色为橙色，第2色为红色，如图5-101所示。

图5-100　　"交互式填充工具"属性栏

 在"底纹填充"对话框中，单击"选项"按钮，弹出"底纹选项"对话框，如图5-102所示，在"位图分辨率"选项中可以设置位图分辨率的大小。在"底纹尺寸限度"设置区中可以设置"最大平铺宽度"的大小。

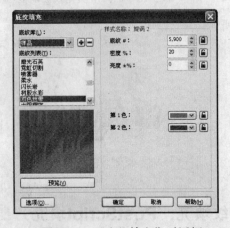

图5-101　　"底纹填充"对话框

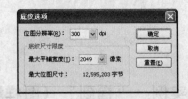

图5-102　　"底纹选项"对话框

 选择"填充工具" ，弹出"填充工具"的展开工具栏，选择"底纹"选项，也可弹出"底纹填充"对话框。底纹填充会增加文件的大小，并使操作的时间增长，在对大型图形对象使用底纹填充时要慎重。

（4）拖动填充控制线，移动底纹填充中心点的位置，如图5-103所示。

2. 图样填充

（1）选取菱形，按两次数字键盘上的"+"键，原位置复制两个菱形。然后按住Shift键，等比缩小菱形。选取大小两个菱形，单击属性栏中的"后减前"按钮，生成一个新图形，先为新图形填充黄色，如图5-104所示。

图5-103　　调整底纹填充

图5-104　　新图形

（2）选取新图形，选择"填充工具" 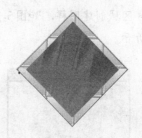，弹出"填充工具"的展开工具栏，选择"图样"选项，弹出"图样填充"对话框，选择"全色"，从图样列表框中选择一种全色图样，如图5-105所示。单击"确定"按钮，新图形填充全色图样，效果如图5-106所示。

图5-105　"图样填充"对话框

图5-106　图形填充全色图样的效果

（3）选择"文本工具" ，在页面中单击，然后输入"福"文字，选择"选择工具" ，在属性栏中设置字体为"汉仪行楷简"，文字填充黄色，如图5-107所示。

- 选择"双色"，然后从图样列表框中选择所要的双色图样。设置"前部"与"后部"的颜色；在"原点"设置区中设置图案第一个平铺的坐标位置；在"大小"设置区中设定图样的大小；在"变换"设置区中设定倾斜或旋转的角度。

 选择对象，然后在"图样填充"对话框中单击"创建"按钮，可以创建新图样或修改已有的双色图样。在对话框中单击"装入"按钮，可以载入图像并创建双色图样。

- 选择"全色"，然后从图样列表框中选择所要的全色图样。
- 选择"位图"，然后从图样列表框中选择所要的位图图样。

（4）选择文字，然后双击，将鼠标光标移动到旋转控制手柄 上，按住Ctrl键，按下鼠标左键，拖动鼠标旋转图形，释放鼠标，图形旋转360°，调整文字的位置，效果如图5-108所示。

图5-107　设置字体、填充颜色

图5-108　旋转文字

 选择"交互式填充工具" ，在属性栏中选择"全色图样"、"双色图样"或"位图图样"填充类型，单击"填充下拉式"图标 ，在弹出的"图样填充"下拉列表中选择图样填充的样式，如图5-109所示。 中的图标分别表示"小平铺图"、"中平铺图"、"大平铺图"。

图5-109　"交互式填充工具"属性栏

用户还可以使用命令创建图样填充，选择"工具"|"创建"|"图样"命令，弹出"创建图样"对话框，如图5-110所示，在"类型"组中选择"双色"或"全色"，然后指定图样分辨率，单击"确定"按钮，光标变为十字形，圈选一个图样区域创建图样，如图5-111所示。图样列表框中将显示新创建的图样，如图5-112所示。

图5-110　"创建图样"对话框

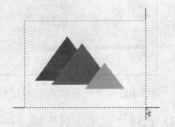

图5-111　圈选图样区域

3. PostScript填充

（1）选取需要底纹填充的对象，选择"填充工具"，弹出"填充工具"的展开工具栏，选择"PostScript"选项，弹出"PostScript底纹"对话框，如图5-113所示。

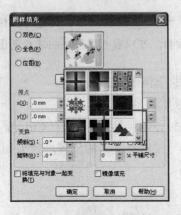

图5-112　新创建的图样

图5-113　"PostScript底纹"对话框

（2）在该对话框的列表中选择所需要的底纹名称，在"参数"选项中根据需要调整各种设置，使其达到所需的效果，选中"预览填充"复选框，预览当前设置的底纹。

选择"交互式填充工具"，在属性栏中选择"PostScript填充"填充类型，单击"填充下拉式"下拉列表框，在弹出的"PostScript填充"下拉列表中选择PostScript填充的样式，如图5-114所示。

图5-114　"交互式填充工具"属性栏

5.10　实例：奥运五环（智能填充工具）

使用"智能填充工具" 可以自动识别多个图形重叠的交叉区域，然后进行颜色填充。

下面将以"奥运五环"为例，详细讲解"智能填充工具" 的使用方法。绘制完成的"奥运五环"效果如图5-115所示。五个不同颜色的圆环连接在一起象征五大洲和全世界的运动员在奥运会上相聚一堂，充分体现了奥林匹克精神的内容。

图5-115　奥运五环

（1）选择"椭圆工具" ，按住Ctrl键绘制一个正圆形，设置轮廓色和轮廓宽度，设置填充色为无色，如图5-116所示。

（2）选取圆形，按数字键盘上的"+"键，复制一个圆形。然后按住Ctrl键，向右侧移动一定距离，再按Ctrl+D快捷键，移动再制正圆形，如图5-117所示。

图5-116　绘制正圆形

图5-117　移动再制正圆形

（3）选取圆形，按数字键盘上的"+"键，复制一个圆形。然后按住Ctrl键，向下侧移动一定距离，再向左侧移动一定距离。选取复制的圆形，按数字键盘上的"+"键进行复制，然后按住Ctrl键，向右侧移动一定距离，如图5-118所示。

（4）框选5个圆形，选择"排列"|"将轮廓转换为对象"命令，或按Ctrl+Shift+Q快捷键，将正圆轮廓线转换为对象，并设置填充色为无，轮廓色为黑色，如图5-119所示。按Ctrl+G快捷键群组五环，以利于后面的操作。

图5-118　复制、移动正圆形

图5-119　将轮廓转换为对象

（5）选择"智能填充工具" ，然后将光标移动到如图5-120所示的位置并单击鼠标，为图形填充蓝色，如图5-121所示。

图5-120　鼠标光标放置的位置

图5-121　填充颜色后的图形

（6）移动鼠标至圆环的其他区域，单击以填充颜色，如图5-122所示。

（7）参照同样的方法，为其他4个圆环填充颜色，如图5-123所示。

（8）选择"选择工具" ，按住Alt键，在任意图形上单击，将最先群组的五环图形选取，然后按Delete键将其删除，完成奥运五环的绘制，效果如图5-124所示。

图5-122   为图形填充颜色

图5-123   为五环填充颜色的效果

提示   使用"智能填充工具" 对导入的轮廓图形上色，标志设计，艺术文字等，填色十分方便，大大节省了时间，如图5-125所示。

图5-124   绘制完成的奥运五环

图5-125   应用"智能填充工具"

5.11   滴管工具和颜料桶工具

使用"滴管工具" 可以在图形对象上提取并复制对象的属性，使用"颜料桶工具" 可以将提取并复制对象的属性填充到其他图形对象中。

1. 滴管工具

（1）选择"滴管工具" ，其属性栏如图5-126所示，在属性栏中设置吸取对象的轮廓、填充、文本、变换、效果等属性。

图5-126   "滴管工具"属性栏

- 在"属性"选项下拉列表中可以设置提取并复制对象的轮廓线宽度、颜色、填充属性、文本属性。
- 在"变换"选项下拉列表中可以设置提取并复制对象的大小、旋转角度、位置等属性。
- 在"效果"选项下拉列表中可以设置提取并复制对象的透视、封套、调和、立体化、轮廓图、透镜、图框精确剪裁、投影、变形等属性。
- 在"滴管工具" 属性栏中，选择"示例颜色"选项，可以提取并复制矢量图和位图上的颜色，但提取并复制的颜色只能是基本色。在"样本大小"选项下拉列表中可以选择采样点的大小，利用"桌面选择"选项可以直接从页面中选择颜色。

（2）将光标放在图形对象上单击来提取对象属性，如图5-127所示。

2. 颜料桶工具

（1）绘制一个图形，选择"颜料桶工具" ，将光标放到图形上单击，可以将提取对象的属性填充到新的图形对象中，如图5-128所示。

（2）按住Shift键，可以在"滴管工具" 与"颜料桶工具" 之间切换。

图5-127　提取对象属性

图5-128　填充提取对象的属性

（3）还可以使用"滴管工具" 和"颜料桶工具" 进行文本属性和格式的复制，如图5-129所示。

Photoshop　CorelDRAW　CorelDRAW

图5-129　文本属性和格式的复制

　选择"编辑" | "复制属性自"命令可以快速地进行轮廓线、颜色填充等属性的复制；也可以使用鼠标右键将一个图形对象拖动到另一个图形对象上，从而快速地复制对象的属性，如图5-130所示。

图5-130　快速复制对象属性

5.12　实例：创建金属质感的文字特效（编辑渐变）

在CorelDRAW X4中，巧妙地运用渐变，可以创建出金属质感的效果，下面将以"创建金属质感的文字特效"为例，详细讲解如何通过创建渐变效果实现金属质感的制作，完成效果如图5-131所示。

（1）选择"文件" | "新建"命令，新建一个绘图文档，在属性栏中单击"横向"按钮 ，使绘制页面的方向为横向，然后双击工具箱中的"矩形工具" ，会自动依照绘图页面尺寸创建矩形。

图5-131　完成效果图

（2）选择工具箱中的"填充工具" ，在弹出的工具展示栏中选择"渐变"选项，打开"渐变填充"对话框，参照图5-132进行设置，为矩形添加渐变效果，如图5-133所示。

（3）选择工具箱中的"贝塞尔工具" ，参照图5-134在绘图页面中绘制图形，并使用"形状工具" 调整图形形状。

（4）选择绘制的曲线图形，为图形填充绿色（C100，Y100），然后取消轮廓线的填充，以方便接下来的绘制，如图5-135所示。

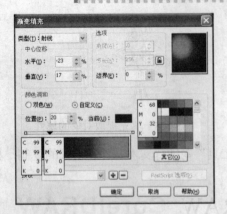

图5-132 "渐变填充"对话框

图5-133 渐变填充效果

图5-134 绘制图形

图5-135 为图形填充颜色

（5）选择绘制的所有图形，拖动图形并在向右上角移动的过程中右击鼠标，复制该图形，在属性栏中单击"群组"按钮，将复制的图形群组，并为其填充黄色（Y100），如图5-136所示。

（6）选择工具箱中的"形状工具"，在页面中单击"T"字样下面的绿色图形，在黄色图形和绿色图形的交叉点上双击，为其添加节点，并移动节点位置到黄色图形的直角处，如图5-137～图5-139所示。

图5-136 复制图形

图5-138 添加节点

图5-137 选择绿色图形

图5-139 移动节点

（7）使用"形状工具"以相同方法修饰图形中节点的位置，使其更真实地表现出图形的立体感，如图5-140所示。

（8）选择页面中群组的图形，选择工具箱中的"填充工具" ，在弹出的工具展示栏中选择"渐变"选项，打开"渐变填充"对话框，参照图5-141进行设置，为图形添加渐变效果，如图5-142所示。

图5-140 调整图形

图5-141 "渐变填充"对话框

（9）使用与步骤（8）相同的方法，为图形填充绿色的图形填充渐变，打开"渐变填充"对话框，在"类型"下拉列表中选择"线型"选项，并设置"角度"参数为-36，在"边界"参数栏中输入14%，设置颜色从橘黄色（C7，M42，Y96）至白色再到橘黄色（C9，M38，Y96）的渐变填充，单击"确定"按钮完成渐变填充，如图5-143所示。

图5-142 渐变填充效果（1）

图5-143 渐变填充效果（2）

（10）选择"T"字样的线性填充图形，选择工具箱中的"交互式调和工具" 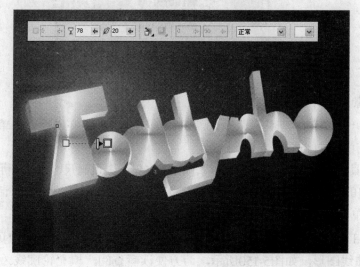，在弹出的工具展示栏中选择"交互式阴影工具" ，在"T"字样中心位置单击并拖动，为图形添加调和效果，然后在属性栏中设置参数，效果如图5-144所示。

图5-144 为图形添加阴影效果

（11）使用与步骤（10）相同的方法，为页面上线性填充的图形添加交互式阴影效果，如图5-145所示。

（12）选择工具箱中的"椭圆形工具"，在页面中绘制椭圆形，如图5-146所示，并分别在调色板上单击红色色块和黑色色块，为椭圆形填充颜色，选择绘制的椭圆形，取消轮廓线的颜色填充，完成本实例的制作。

图5-145　添加阴影效果

图5-146　绘制图形并填充颜色

5.13　实例：时装店的POP广告（编辑填充图案）

本节将要设计制作时装店的POP广告。画面追求时尚、复古的风格，人物的形象采用极简的造型，搭配黄色调的背景，衬托出一种浓郁的氛围，让人耳目一新，容易产生好感，继而仔细查看广告中的文字信息，达到广告宣传的目的。

下面将以"时装店的POP广告"为例，继续讲解渐变效果的运用，制作完成的效果如图5-147所示。

图5-147　效果图

1. 创建背景和主体图形

（1）执行"文件"|"新建"命令，新建一个绘图文档，在属性栏中单击"横向"按钮，使绘制页面的方向为横向。

（2）在工具箱中双击"矩形工具"，自动依照绘图页面尺寸创建矩形，选择"填充工具"，在弹出的工具展示栏中选择"图样"选项，打开"图样填充"对话框，设置参数如图5-148所示，单击"确定"按钮完成图样填充，效果如图5-149所示。

（3）选择工具箱中的"手绘工具"，在弹出的工具展示栏中选择"贝塞尔工具"，在页面中绘制曲线图形，如图5-150所示，为方便读者查阅，填充轮廓线为橘红色。

图5-148 "图样填充"对话框

图5-149 图样填充效果

（4）选择工具箱中的"填充工具" ，在弹出的工具展示栏中选择"渐变"选项，打开"渐变填充"对话框，参照图5-151设置参数，单击"确定"按钮，为图形添加渐变填充效果，并取消轮廓线的填充，如图5-152所示。

图5-150 绘制曲线

（5）新建"图层2"，使用"贝塞尔工具" 在页面左上角绘制曲线图形，选择"填充工具" ，在弹出的工具展示栏中选择"渐变"选项，参照图5-153在打开的"渐变填充"对话框中设置参数，单击"确定"按钮完成渐变填充，如图5-154所示。

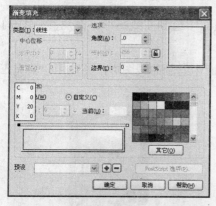

图5-151 "渐变填充"对话框

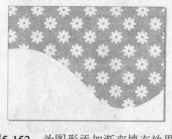

图5-152 为图形添加渐变填充效果

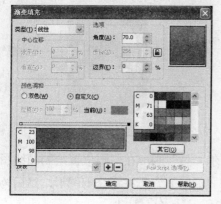

图5-153 "渐变填充"对话框

图5-154 为图形添加渐变填充效果

图5-155　继续绘制图形

（6）使用"贝塞尔工具" ，继续绘制曲线图形，并为图形填充深红色（C36，M100，Y98，K2），如图5-155所示。

（7）使用"贝塞尔工具" ，在页面中绘制曲线图形，并参照图5-156为图形填充颜色，选择另一个曲线图形，选择工具箱中的"交互式填充工具" ，在弹出的工具展示栏中选择"交互式网状填充工具" ，为图形进行网状填充，如图5-157所示。

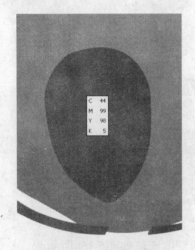

图5-156　绘制图形

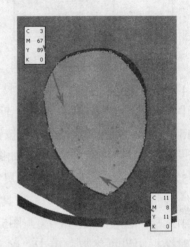

图5-157　对图形进行网状填充

（8）选择工具箱中的"贝塞尔工具" ，在页面中绘制曲线图形，然后参照图5-158的效果为图形各部分填充颜色。

（9）选择工具箱中的"贝塞尔工具" ，在页面中绘制曲线图形，并使用"填充工具" 为图形填充颜色，如图5-159～图5-161所示效果。

图5-158　绘制图形并填充颜色

图5-159　绘制眉毛图形

图5-160　绘制眼睛图形

图5-161　绘制鼻部和嘴部图形

（10）接下来绘制眼镜图形，首先使用"贝塞尔工具" ，在左眼位置绘制曲线图形，如图5-162所示，选择绘制的曲线，在属性栏中单击"后剪前" 按钮修剪图形，然后为图形填充深褐色（C54，M98，Y96，K12），如图5-163所示。

图5-162 绘制图形

图5-163 修剪图形

（11）使用"贝塞尔工具" ⚫继续在眼镜框上绘制曲线图形，为图形填充红色（C8，M92，Y90）和白色，然后使用"交互式透明工具" ⚫为绘制的图形添加透明效果，如图5-164和图5-165所示。

图5-164 绘制图形

图5-165 创建透明效果

（12）使用"贝塞尔工具" ⚫绘制右眼镜框，然后使用"贝塞尔工具" ⚫在眼镜框中间位置绘制曲线图形，并为图形填充深褐色（C8，M92，Y90），如图5-166所示。

（13）选择绘制的所有曲线图形，按Ctrl+G快捷键将图形群组，使用"贝塞尔工具" ⚫在绘图页面中绘制图形，然后为图形分别设置不同的颜色，并群组图形，如图5-167～图5-169所示。

图5-166 继续绘制图形

图5-167 绘制上半身图形

图5-168 绘制描边图形

图5-169 勾勒臂部轮廓

（14）选择工具箱中的"贝塞尔工具" ⚫，在页面中绘制曲线图形，并利用工具箱中的"填充工具" ⚫为图形填充渐变效果，如图5-170～图5-172所示。

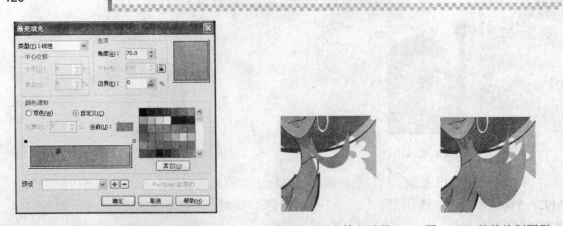

图5-170　"渐变填充"对话框　　　　图5-171　渐变填充效果　　　图5-172　继续绘制图形
并添加渐变

（15）选择渐变填充的图形，单击工具箱中的"交互式调和工具" ，在弹出的工具展示栏中选择"交互式透明工具" ，为绘制的图形添加透明效果，如图5-173所示。

（16）选择工具箱中的"贝塞尔工具" ，在页面中绘制曲线图形，然后利用工具箱中的"填充工具" 为图形填充颜色，并取消轮廓线的填充，如图5-174所示效果。

图5-173　为图形添加透明效果　　　　　　　　　　图5-174　绘制图形

（17）使用"贝塞尔工具" 继续绘制曲线图形，使用"填充工具" 为图形填充渐变，如图5-175～图5-177所示效果。

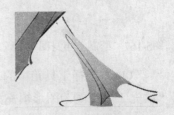

图5-175　"渐变填充"对话框　　　图5-176　渐变填充效果　　　图5-177　继续绘制图形
并填充渐变

（18）选择渐变填充的图形，使用工具箱中的"交互式透明工具" ，为图形添加交互式透明效果，如图5-178所示。

图5-178　为图形添加透明效果

2. 添加文字元素

（1）使用"贝塞尔工具" 参照图5-179绘制"全"字样的曲线图形，然后使用"形状工具" 调整图形形状，如图5-180所示效果。

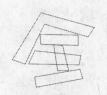

图5-179　绘制文字图形

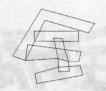

图5-180　调整图形

（2）选择绘制的曲线图形，单击属性栏中"焊接"按钮 ，将图形焊接在一起，如图5-181所示，然后继续使用"形状工具" 选择图形中部分节点，按Delete键进行删除，得到如图5-182所示效果。

图5-181　修剪图形

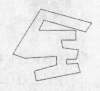

图5-182　删除节点

（3）接下来为图形设置颜色，首先在右侧调色板上单击黑色色块，为图形填充黑色，再在右侧调色板上右击红色色块，为图形轮廓线填充红色，然后在属性栏的"轮廓宽度"文本框中输入0.5mm，如图5-183所示。

图5-183　填充颜色

（4）使用"贝塞尔工具" 参照图5-184绘制"场"字样曲线图形，并利用工具箱中的"形状工具" 调整图形形状，如图5-185所示效果。

（5）选择绘制的曲线图形，在属性栏中单击"焊接"按钮 ，将图形焊接在一起，然后为图形填充颜色，并在属性栏中更改"轮廓宽度"为0.5mm，如图5-186和图5-187所示。

图5-184　绘制文字图形

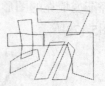

图5-185　调整图形

图5-186　焊接图形

图5-187　为图形填充颜色

（6）使用"贝塞尔工具" 在页面中绘制图形，设置填充颜色为香蕉黄（C15，M16，Y71），轮廓线颜色为红色，然后在属性栏中更改"轮廓宽度"为0.5mm，如图5-188所示。

（7）使用"贝塞尔工具" 依照图形"全场"边缘绘制曲线图形，填充白色，然后使用"交互式透明工具" 为图形添加交互式透明效果，并调整图形的层次顺序，如图5-189～图5-191所示。

图5-188　绘制图形

图5-189　绘制图形

图5-190　创建交互式透明效果

图5-191　调整图形的位置

（8）使用"贝塞尔工具" 在页面右下角继续绘制曲线图形，如图5-192所示，然后为图形填充黄色（C22，M22，Y49）、红色和白色，并取消轮廓线的填充，如图5-193所示效果。

图5-192　绘制图形

图5-193　为图形填充颜色

（9）使用"贝塞尔工具" ![] 在页面中绘制如图5-194所示的曲线图形，为图形填充红色，如图5-195所示，然后按下数字键盘上"+"键，复制该图形并将其填充白色，并调整图形的大小与位置，效果如图5-196所示。

（10）选择工具箱中的"文本工具" ![]，在绘图页面中输入文字信息，如图5-197所示。

图5-194 绘制图形

图5-195 填充颜色

图5-196 复制图形

图5-197 输入文本

（11）使用"贝塞尔工具" ![] 在文字边缘位置绘制图形，填充橘黄色（C1，M51，Y95），并取消廓线的填充，如图5-198和图5-199所示，然后使用相同的方法在文字下面绘制曲线图形，如图5-200所示。

（12）使用"矩形工具" ![] 绘制矩形，在属性栏的"对象大小"文本框中输入1.5mm、86mm，按回车键确认，然后为矩形填充褐色（C36，M73，Y78，K1），如图5-201所示。

图5-198 绘制图形

图5-199 为图形填充颜色

图5-200 继续绘制曲线图形

图5-201 为矩形填充颜色

（13）单击工具箱中的"交互式调和工具" ![]，在弹出的工具展示栏中选择"交互式阴影工具" ![]，这时鼠标发生变化，单击矩形并拖动鼠标为矩形添加阴影效果，然后在属性栏中设置参数，对阴影效果进行调整，如图5-202所示。

图5-202　为图形添加阴影效果

（14）使用"矩形工具"□绘制矩形，填充褐色（C36，M73，Y78，K1），并为其添加交互式阴影效果，如图5-203所示，然后单击工具箱中的"基本形状"，在弹出的工具展示栏中选择"箭头形状"，参照图5-204在页面中绘制红色的箭头图形。

图5-203　绘制矩形并添加阴影效果

图5-204　绘制箭头图形

（15）选择工具箱中的"文本工具"，在绘图页面中分别输入"完"、"美"、"主"、"义"文字信息，选择页面中"主"字样，选择"排列"|"转换为曲线"命令，将文本"主"转换为曲线图形，然后利用"形状工具"调整图形形状，如图5-205和图5-206所示。

图5-205　创建文本

图5-206　修饰文字图形

（16）选择页面中的"完"、"美"、"主"、"义"字样，按下数字键盘上的"+"键，复制图形，然后为图形填充黑色，并调整图形位置，如图5-207所示。

（17）使用工具箱中的"文本工具" ⅰ 在页面中添加文字信息，完成该作品的绘制，如图5-208所示。

图5-207　复制图形

图5-208　添加文字信息

5.14　实例：封面设计（使用网状填充制作底纹）

本节要设计制作一个散文书籍的封面。在设计制作的过程中，整个画面采用了手绘风格的绘画效果，通过梦幻般的背景，衬托插画风格的主题人物，给人一种活泼、清爽、放松的心理感觉，很好地反映出书籍休闲、轻松的主题思想。

下面将以"散文书籍的封面设计"为例，讲解如何进行网格填充，制作完成的效果如图5-209所示。

图5-209　完成效果图

（1）新建一个纸张宽390mm，高266mm的文档，在属性栏中单击"选项"按钮 ⅰ，打开"选项"对话框，参照图5-210和图5-211在该对话框中进行设置，单击"确定"按钮后，完成参考线的创建。

（2）然后双击工具箱中的"矩形工具" ⅰ，创建与视图大小相同的矩形，然后调整其大小为原来的一半，并为其填充草绿色（C29，M3，Y73），如图5-212所示。

（3）保持矩形图形为选中状态，在工具箱中选择"交互式网状填充工具" ⅰ，矩形中自动生成网状网格，如图5-213所示。

图5-210　设置水平参考线　　　　　图5-211　设置垂直参考线

图5-212　新建文档并添加矩形图形　　　图5-213　选择"交互式网状填充工具"
　　　　　　　　　　　　　　　　　　　　　　　　后的图形状态

（4）使用"交互式网状填充工具" 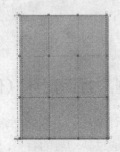 对网格的位置和颜色进行调整，丰富图形中的颜色变化，效果如图5-214所示。读者可打开配套资料查看实例完成效果中的具体颜色设置。

（5）按下Ctrl+C和Ctrl+V快捷键，将矩形复制并粘贴在当前视图中。单击并向左拖动矩形右侧中间的控制柄，将矩形水平翻转，并覆盖封面的封底部分，效果如图5-215所示。

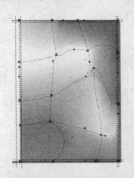

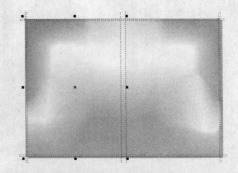

图5-214　设置颜色变化　　　　　　　图5-215　复制图形

（6）将"图层 1"锁定，新建"图层 2"。选中工具箱中的"椭圆形工具" ，在封一的位置绘制正圆，为其填充绿色（C18，M4，Y34），并取消轮廓线的填充，如图5-216所示。

（7）选择"位图" | "转换为位图"命令，打开"转换为位图"对话框，选中"透明背景"复选框，然后单击"确定"按钮，将正圆形转换为位图，如图5-217所示

（8）选择"位图" | "模糊" | "高斯式模糊"命令，打开"高斯式模糊"对话框，参照图5-218设置参数，为位图添加模糊效果，如图5-219所示。

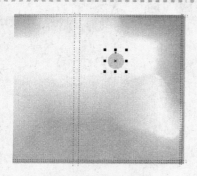

图5-216　绘制椭圆

图5-217　"转换为位图"对话框

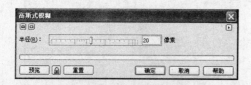

图5-218　"高斯式模糊"对话框

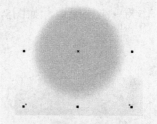

图5-219　添加模糊效果

（9）继续使用"椭圆形工具" 在绿色的图形上绘制白色的正圆，如图5-220所示，选择工具箱中的"交互式透明工具" ，在属性栏中设置透明类型为"标准"，并降低图形的透明度，效果如图5-221所示。

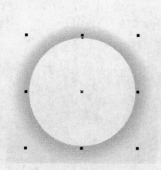

图5-220　绘制圆形

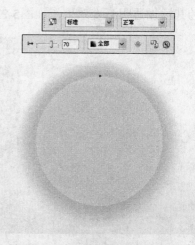

图5-221　为圆形添加透明效果

（10）将绘制的圆形图形复制多次，使用"选择工具" 调整图形的位置和大小，如图5-222所示。

（11）接下来在封一的顶部添加一些树枝图形作为装饰，如图5-223所示。使用"贝塞尔工具" 绘制出树枝、树叶图形，并使用"交互式透明工具" 为个别图形添加透明效果。

（12）将上一步绘制的树枝图形复制，适当缩小后放在封一中间偏下的位置，如图5-224所示。

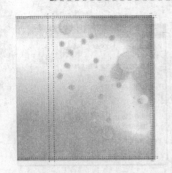

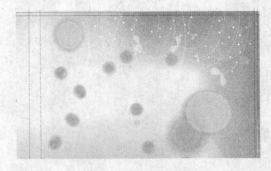

图5-222　添加更多的圆形图形　　　　　　　　　图5-223　　绘制树枝图形

（13）参考步骤（6）～（8）的操作方法，绘制带模糊效果的嫩绿色（C31，M6，Y91）椭圆图形，作为一小块绿地，如图5-225所示效果。

图5-224　复制树枝图形　　　　　　　　　图5-225　绘制椭圆并转换为位图

（14）使用"椭圆形工具" 继续绘制椭圆，如图5-226所示，然后使用"交互式透明工具" 为其添加透明渐变效果，如图5-227所示。

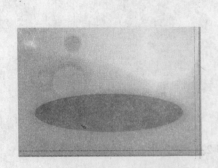

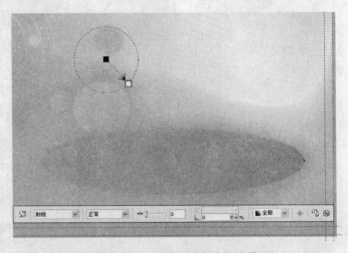

图5-226　添加椭圆图形　　　　　　　　　图5-227　添加交互式透明效果

（15）接下来使用"贝塞尔工具" 绘制出绿地上的花朵和小草图形，效果如图5-228所示，然后参照图5-229调整图形的大小及页面中的位置。

（16）在绿地图形上添加站牌图形，如图5-230所示，在站牌的顶部绘制一个简单的汽车图形和英文BUS，填充颜色为橙色（C2，M59，Y90）。

图5-228　绘制花朵和小草

图5-229　调整图形的大小和位置

（17）将先前绘制的图形锁定，使用"贝塞尔工具"绘制出封一中主体人物的大致轮廓，效果如图5-231所示。

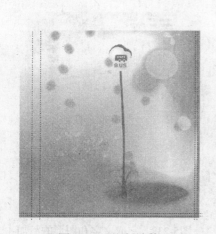

图5-230　绘制站牌

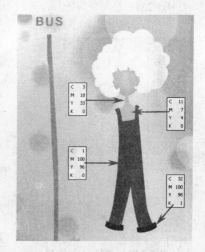

图5-231　绘制人物图形

（18）使用"贝塞尔工具"绘制人物的眼睛、嘴巴，以及腮红，并将腮红图形转化为位图，为其添加模糊效果，如图5-232所示。

（19）继续绘制出人物的手臂、腿和脚等图形，如图5-233所示，然后为其添加一个可爱的小挎包图形，如图5-234所示效果。

图5-232　绘制人物

图5-233　绘制人物图形

图5-234　绘制挎包图形

（20）将步骤（11）中绘制的树枝图形再次复制，放入新建的"图层3"中，适当放大并安排在视图的底侧，然后在视图的上侧添加白色的五角星图形作为点缀，如图5-235所示。

（21）最后在书脊处添加绿色的矩形，并在封一、书脊、封底上添加相关的文字信息，完成该封面的制作，效果如图5-236～图5-238所示。

图5-235　绘制装饰图形

图5-236　绘制装饰图形

图5-237　添加文字信息

图5-238　完成文字和图形的添加

课后练习

1. 绘制简单的花朵图形，效果如图5-239所示。

图5-239　效果图

要求：

①使用"基本形状"工具和"贝塞尔工具" 绘制图形。

②按照效果图填充图形各部分的颜色。

2. 制作带有图样的信纸，效果如图5-240所示。

图5-240　效果图

要求：

①使用"基本形状"工具 🖼 绘制带有卷页效果的信纸图形。

②为图形填充双色图样。

③使用"文本工具" 🖹 添加文字。

第6课

文 本 处 理

本课知识结构

    CorelDRAW X4作为功能强大的矢量绘图系统，提供了十分强大的文本处理能力，不仅可以像其他文字处理软件一样排版大段的文字，还可以充分利用CorelDRAW X4强大的图形处理能力来修改和编辑文本。本章将学习处理文本的方法和技巧，创建各种文本效果。

就业达标要求

☆ 添加文本   ☆ 设置文本的属性

☆ 设置段落文本   ☆ 设置制表位与段落缩进

☆ 使文本适合路径   ☆ 内置文本和图文框

☆ 文本绕图   ☆ 使用字符和符号

☆ 使用"形状工具"编辑文本   ☆ 文本和图形样式

☆ 文本转换为曲线

6.1　添加文本

    文字是交流的工具，在CorelDRAW中，对文字的处理很灵活，将文本分为"段落文本"和"美术字文本"，在CorelDRAW X4中，可以使用多种方式添加文本。

1. 输入美术字文本

    选择"文本工具"图在绘图页面中单击鼠标，出现插入文本光标时就可以输入文字了，在此创建的是"美术字文本"，如图6-1所示。美术字文本与图形对象一样，可以使用立体化、调和、封套、透镜、阴影等特殊效果。

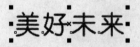

图6-1　美术字文本

2. 输入段落文本

    选择"文本工具"图在绘图页面中按下鼠标左键拖动，此时将出现一个文本框，拖动文本框到适当大小后释放鼠标左键，形成矩形的范围框，出现插入文本光标，此时即可输入文字，在此创建的是"段落文本"，如图6-2所示，段落文本具有段落的格式。

图6-2 段落文本

3. 美术字文本和段落文本之间的相互转换

选择"文本"|"转换到美术字"或"文本"|"转换到段落文本"命令，可以实现美术字文本和段落文本之间的相互转换。

美术字文本转换成段落文本后，不再是图形对象，也就不能进行特殊效果的操作；段落文本转换成美术字文本后会失去段落文本的格式。

如果打算在文档中添加几条说明或标题，最好使用美术字文本，如图6-3所示。如果打算添加大型的文本，最好使用段落文本，段落文本中包含的格式编排比较多，如图6-4所示。

图6-3 美术字文本

图6-4 段落文本

4. 使用剪贴板粘贴文本

在Word、写字板等文件中选中需要的美术字文本，按Ctrl+C快捷键，将文本复制到剪贴板中。选择"文本工具"，在绘图页面中单击鼠标，出现插入文本光标，按Ctrl+V快捷键，将剪贴板中的文本粘贴到插入文本光标的位置，美术字文本粘贴完成。

在Word、写字板等文件中选中需要的段落文本，按Ctrl+C快捷键，将文本复制到剪贴板中。选择"文本工具"，在绘图页面中按下鼠标左键拖动，此时将出现一个文本框，拖动文本框到适当大小后释放鼠标左键，形成矩形的范围框，出现插入文本光标，按Ctrl+V快捷键，将剪贴板中的文本粘贴到插入文本光标的位置，段落文本粘贴完成。

5. 使用菜单命令导入文本

选择"文件"|"导入"命令，或按Ctrl+I快捷键，弹出"导入"对话框，选择需要导入的文本文件，如图6-5所示，单击"导入"按钮。

在页面上会出现"导入/粘贴文本"对话框，如图6-6所示，选择需要的导入方式，单击"确定"按钮。

在页面中会出现一个标题光标，按住鼠标左键拖动鼠标绘制出文本框，松开鼠标左键，导入的文本出现在文本框中，如图6-7所示，如果文本框的大小不合适，可以用鼠标拖动文本框边框的控制点调整大小。

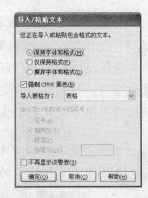

图6-5   "导入"对话框   图6-6   "导入/粘贴文本"对话框

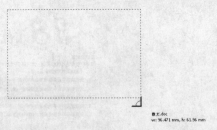

图6-7   导入文本

6.2   实例：海报（设置文本的字符属性）

将文本输入后，需要设置文本的属性，如文字的字体、字号的大小、字体样式以及其他字符属性，文本属性决定了文本在页面上的外观。下面将以"海报"为例，详细讲解文本的属性设置，制作完成的"海报"效果如图6-8所示。

图6-8   海报

（1）选择"文件"|"打开"命令，或按Ctrl+O快捷键，或者在标准工具栏上单击"打开"按钮，打开"配套资料\Chapter-06\海报素材.cdr"文件，如图6-9所示。

（2）选择"文本工具"在绘图页面中单击鼠标，出现插入文本光标，输入"挑战"文字。选择"选择工具"，选取创建的文本对象，其属性栏如图6-10所示。

图6-9 素材文件

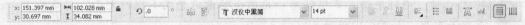

图6-10 "文本工具"的属性栏

（3）在属性栏的"字体列表"中可以设置文字字体为"汉仪综艺体简"，效果如图6-11所示。

图6-11 设置文字字体

（4）在属性栏的"文字大小"中选择文字大小，也可以在输入框中直接输入数值，数值越大，文字也就越大，反之越小，如图6-12所示。

（5）选取文字对象，在调色板中单击黄色，可以为选取的文字填充颜色，如图6-13所示。

图6-12 设置文字大小 　　　　　　　　　　图6-13 设置文字颜色

（6）选择"选择工具"，选取创建的美术字文本对象，对象周围出现控制点，用鼠标拖动控制点可以缩放文本大小。拖动对角线上的控制点可以按比例缩放美术字文本对象，如图6-14所示。

（7）属性栏的B I U分别表示文本的"加粗"、"倾斜"、"加下划线"的样式，如图6-15所示。

图6-14 调整文本大小

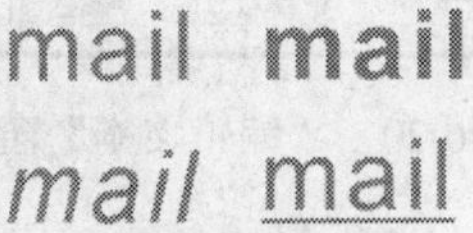

mail **mail**

mail mail

图6-15 不同样式的文本对象

（8）选择"文本工具"在绘图页面中按下鼠标左键拖动，此时将出现一个文本框，释放鼠标左键，形成矩形的范围框，出现插入文本光标，输入段落文字"主办单位……"，如图6-16所示。设置文字字体和字号大小（14pt），如图6-17所示。

图6-16　输入段落文字　　　　　　　　图6-17　设置文字字体和字号大小

（9）选择"文本工具" <u>字</u>，在文本中单击，插入光标并按住鼠标左键不放，拖动鼠标可以选中需要的文本，如图6-18所示，在属性栏中重新选择字体"Arial"。

提示　按住Alt键，同时拖动文本框任意一角的手柄来调整文本框的大小，文本的大小也跟着变化，如图6-19所示。

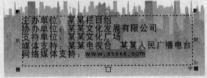

图6-18　选择文字　　　　　　　　　　图6-19　输入段落文字

（10）在属性栏中单击"编辑文本" <u>abl</u>按钮，或按Ctrl+Shift+T快捷键，弹出"编辑文本"窗口，如图6-20所示。在"编辑文本"窗口中可以输入文字，并可以改变它的字体和大小等。

（11）单击属性栏上的"排列文本"按钮 <u>≣⊪</u>，可以设置文本水平排列方式或垂直排列方式，效果如图6-21所示。

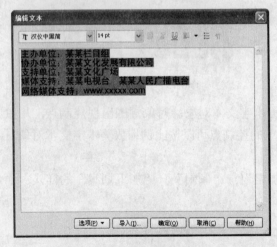

图6-20　"编辑文本"窗口　　　　　　　图6-21　文本排列方式

（12）在属性栏中单击"字符格式化"按钮 <u>A</u>，或按Ctrl+T快捷键，弹出"字符格式化"对话框，在其中可以设置文本的字体、大小、字距、上标、下标以及其他字符属性，如图6-22所示。

（13）上标和下标文字、不同字距文字的效果如图6-23所示。

（14）复制文字对象，并设置复制文本对象的轮廓线，如图6-24所示。

图6-22　"字符格式化"对话框

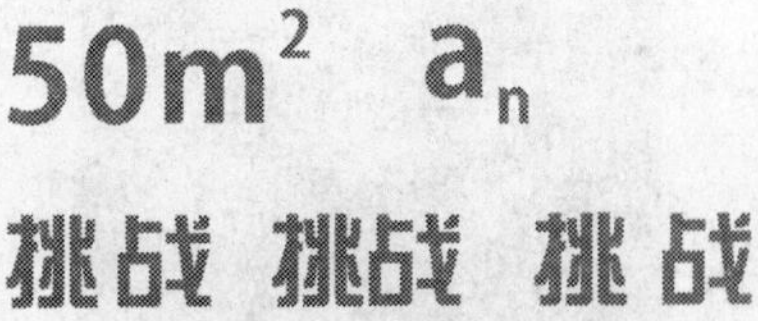

$50m^2$　a_n

挑战　挑战　挑 战

图6-23　上标和下标文字、不同字距文字

挑战 小主持人

图6-24　编辑文本对象轮廓线

使用鼠标右键将一个文本对象拖动到另一个文本对象上，光标发生变化，松开鼠标右键，弹出快捷菜单，选择"复制所有属性"命令，效果如图6-25所示，从而快速地复制文本对象的属性。

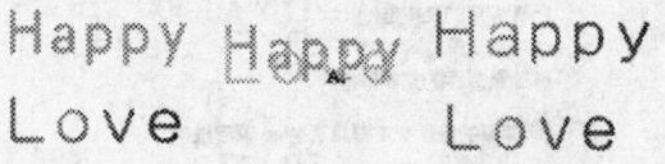

Happy Happy Happy
Love Love Love

图6-25　复制文本属性

6.3　实例：宣传单页（设置文本的段落属性）

段落是位于一个段落回车符前的所有相邻的文本。段落格式是指为段落在页面上定义的外观格式，包括对齐方式、段落缩进、段落间距等。

下面将以"宣传单页"为例，详细讲解文本段落属性的设置。制作完成的"宣传单页"效果如图6-26所示。

（1）选择"文件"|"打开"命令，打开"配套资料\Chapter-06\宣传单页素材.cdr"文件，如图6-27所示。

（2）选择"文件"|"导入"命令，或按Ctrl+I快捷键，弹出"导入"对话框，选择"茶雕文字.doc"文件，单击"导入"按钮，在页面上会出现"导入/粘贴文本"对话框，选择◎摒弃字体和格式①导入方式，单击"确定"按钮，在页面中单击导入文字，如图6-28所示。

图6-26　宣传单页

图6-27   素材文件

一、茶雕概述

茶者：以木为材，以火历炼，方成正果。

茶雕，是一种以云南大叶种晒青毛茶为唯一原料，通过雕刻纯钢模具，使用模具将

图6-28   导入文字

（3）当文字太多，文本框装不下时，会在文本框的下面显示▼符号，可以通过拖动控制点来调整文本框的大小。

选择"工具"|"选项"命令，在类别列表中双击"段落"，勾选"按文本缩放段落文本框"复选框，如图6-29所示，可以按文本调节文本框的大小。

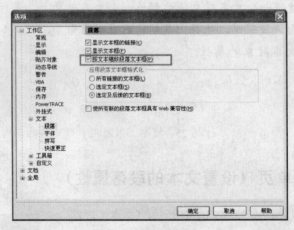

图6-29   选择"按文本缩放段落文本框"复选框

图6-30   段落文本
对齐方式

（4）选择"文本工具"，在文本的任意位置插入光标，按Ctrl+A快捷键，可以将整段文本选中。单击属性栏"水平对齐"按钮，弹出其下拉列表，共有6种对齐方式，如图6-30所示，将此处段落文字设置为"左对齐"。6种段落对齐方式效果如图6-31所示。

- "左对齐"按钮：单击该按钮后，文本将靠文本框架左侧对齐。
- "居中对齐"按钮：单击该按钮后，文本将沿文本框架中心线对齐。
- "右对齐"按钮：单击该按钮后，文本将靠文本框架右侧对齐。

- "全部对齐"⊞按钮：单击该按钮后，除段落最后一行靠文本框架右侧对齐，其余的行将对齐到两侧的文本框架。
- "强制调整"⊞按钮：单击该按钮后，段落中所有的行在进行平均后都强制对齐到两侧的文本框架。

我的今生如果你不曾来过 那将是我流年中最苍白的一幕 风雨中我依然跌跌撞撞一路漂泊 像一只大海中孤零的小船 无岸可靠	我的今生如果你不曾来过 那将是我流年中最苍白的一幕 风雨中我依然跌跌撞撞一路漂泊 像一只大海中孤零的小船 无岸可靠	我的今生如果你不曾来过 那将是我流年中最苍白的一幕 风雨中我依然跌跌撞撞一路漂泊 像一只大海中孤零的小船 无岸可靠
我的今生如果你不曾来过 那将是我流年中最苍白的一幕 风雨中我依然跌跌撞撞一路漂泊 像一只大海中孤零的小船 无岸可靠	我的今生如果你不曾来过 那将是我流年中最苍白的一幕 风雨中我依然跌跌撞撞一路漂泊 像一只大海中孤零的小船 无岸可靠	我 的 今 生 如 果 你 不 曾 来 过 那 将 是 我 流 年 中 最 苍 白 的 一 幕 风 雨 中 我 依 然 跌 跌 撞 撞 一 路 漂 泊 船 像 一 只 大 海 中 孤 零 的 小 无 岸 可 靠

图6-31　文本对齐方式效果

 如果是对一个段落进行操作，只需将文字光标插入该段即可；如果设定的是连续的多个段落，就必须将所要设定的所有段落全部选取。

（5）将文字光标插入段落文本中，按Ctrl+A全选文字，设置字体为"方正隶变简体"，文字大小为9pt。

（6）选择"文本工具"⊞，拖动鼠标选中文本，设置标题文字字体为"方正黑体简体"，如图6-32所示。

三、品牌理念
传承华夏文明，缔造国礼经典
四、品牌内涵
利用普洱茶自然发酵的特殊生物过程，打造健康环保品质生活。
五、品牌市场定位
追求高雅文化内涵人士的收藏首选是企业展示文化、彰显价值的最佳选择。
六、品牌产品特点
收藏、观赏、馈赠、绿色天然。

图6-32　设置文字字体和字号

（7）选择"文本工具"⊞，将文字光标插入段落文本中，按Ctrl+A全选文字，选择"文本"|"段落格式化"命令，弹出"段落格式化"对话框，设置段落文本的行距为12pt，如图6-33所示。

（8）选择"文本工具"⊞，将文字光标插入段落文本中，在"段落格式化"对话框中设置段落文本的段落间距，将段前间距设置为20pt，如图6-34所示。段落文字效果如图6-35所示。

 段落间距是指设定所选段落与前一段或后一段之间的距离，实际段落间的距离是前段的段后距离加上后段的段前距离。

图6-33　设置行距

图6-34　设置段落间距

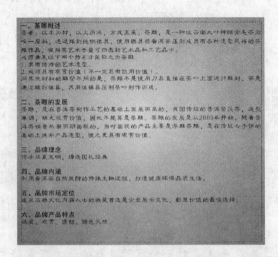

图6-35　段落文字效果（1）

（9）选择"文本工具"，将文字光标插入段落文本中，按Ctrl+A全选文字，在"段落格式化"对话框中设置段落文本的首行缩进为7mm，如图6-36和图6-37所示。段落缩进是指从文本对象的左、右边缘向内移动文本，其中首行缩进只应用于段落的首行。

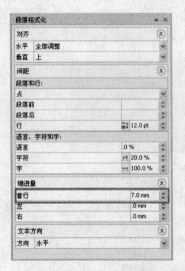

图6-36　设置段落缩进

图6-37　段落文字效果（2）

在"段落格式化"对话框中可以调整段落的"首行缩进"、"左缩进"、"右缩进"距离。在标尺上拖动缩进标记也可以设置缩进，如图6-38所示，段落缩进效果如图6-39所示。

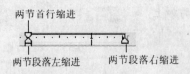

图6-38　设置段落缩进

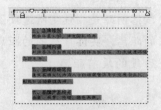

图6-39　段落缩进效果

6.4 实例：画册设计（段落设置）

当段落文本中包含大量的文档时，可以对段落文本使用分栏格式，分栏有利于阅读。

CorelDRAW X4提供了多种文本绕图的形式，应用好文本绕图可以使设计制作的杂志或书籍更加生动美观。

在创建文本框时，可以将它嵌入其他图形中，形成各种形状的图文框。

首字下沉是将段落的第一个字放大几倍并跨行显示。首字下沉在报纸或杂志中经常能够看到。可以在段落之间加上项目符号或编码，这种格式可以使段落显得更加条理清楚，一目了然。

下面将以"画册设计"为例，详细讲解段落分栏和文本绕图的设置。设计制作完成的"宣传页"效果如图6-40所示。

图6-40 画册设计

1. 段落分栏

（1）选择"文件"｜"打开"命令，打开"配套资料\Chapter-06\画册设计素材.cdr"文件，如图6-41所示。

（2）在页面中创建一个段落文本，如图6-42所示。

图6-41 素材文件

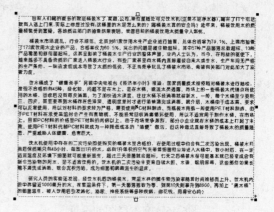

图6-42 创建段落文本

（3）选择"文本工具"⬚，将文字光标置入段落文本中，选择"文本"｜"栏"命令，打开"栏设置"对话框，如图6-43所示。在"栏数"输入框中输入数值，如"2"，输入栏宽和中缝宽度。

（4）单击"确定"按钮，段落文本将变成分栏格式，如图6-44所示。

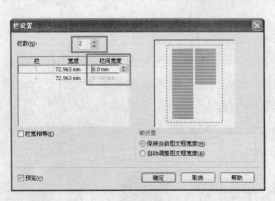

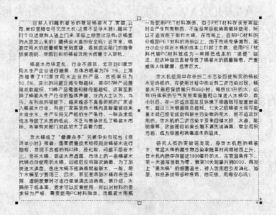

图6-43　"栏设置"对话框　　　　　图6-44　段落文本的分栏格式

2. 文本绕图

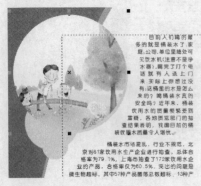

图6-45　文本绕图效果

（1）在图形上单击鼠标右键，在弹出的菜单中选择"段落文本换行"命令，文本绕图效果如图6-45所示。

（2）在属性栏中单击"段落文本换行"按钮⬚，在弹出的下拉菜单中可以设置换行样式，其中"轮廓图"是指段落文字沿着对象的外形轮廓排列，"方形"是指将对象看成一个方形，文字沿着方形编排。在"文本换行偏移"选项的数值框中可以设置偏移距离，如图6-46所示。

（3）选择"窗口"｜"泊坞窗"｜"属性"命令，在弹出的"对象属性"泊坞窗中单击"常规"⬚按钮，在其设置区域的"段落文本换行"下拉列表中，也可以选择段落文本环绕图形的样式，如图6-47所示。

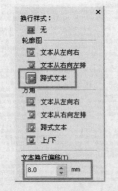

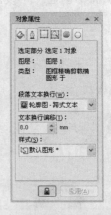

图6-46　文本绕图的设置　　　　　图6-47　"对象属性"泊坞窗

3. 图文框

（1）利用"选择工具" 选中要让文本框嵌入的矩形对象。

（2）单击属性栏"转化为曲线"按钮❀，或按**Ctrl+Q**快捷键，将椭圆形转换为曲线。

（3）选择"形状工具" ，在曲线上双击，添加节点并将直线转换为曲线，调整曲线的形状，如图6-48所示。

（4）选择"文本工具" ，按下**Shift**健，移动鼠标到矩形的轮廓处，当鼠标的形状变为时，单击鼠标确定，此时就将文本框嵌入到多边形内，然后贴入文本即可，效果如图6-49所示。

图6-48　调整曲线形状

图6-49　将文本框嵌入图形并贴入文字

（5）选择"选择工具" 选择曲线图形，去除轮廓线，图文框将保持嵌入图形的形状，如图6-50所示。

> **提示**　选择"选择工具" ，单击图形的内部，可以选择对象和文本框，然后选择"排列" | "拆分"命令，或按**Ctrl+K**快捷键，即可将图文框与嵌入的图形分离。

（6）选择"文本工具" ，将文字光标插入段落文本中，选择"文本" | "栏"命令，打开"栏设置"对话框，在"栏数"输入框中输入数值，如"2"，输入栏间宽度为8mm，如图6-51所示。

图6-50　图文框保持嵌入图形形状

图6-51　段落文本的分栏格式

4. 首字下沉

图6-52　"首字下沉"对话框

（1）选择"文本工具"，将文字光标插入段落文本中。

（2）选择"文本"｜"首字下沉"命令，弹出"首字下沉"对话框，如图6-52所示。在"下沉行数"输入框中输入下沉字符占用的文本行数，选中的文本即产生首字下沉的效果，如图6-53所示。勾选"首字下沉使用悬挂式缩进"复选框，效果如图6-54所示。

（3）在属性栏上单击"显示/隐藏首字下沉"按钮，可以添加或取消首字下沉。

饮用水的状况及趋势目前已知的有机化合物7003种，每年平均新增合成有机物6000种，而且持续快速增长。据估计，已有96000种有机物通过不同途径进入人类环境，尤其是水环境。

图6-53　首字下沉的效果

饮用水的状况及趋势目前已知的有机化合物7003种，每年平均新增合成有机物6000种，而且持续快速增长。据估计，已有96000种有机物通过不同途径进入人类环境，尤其是水环境。

图6-54　首字下沉悬挂式缩进效果

5. 项目符号

图6-55　设置项目符号的属性

（1）选择"文本工具"，将文字光标插入段落文本中，并按住鼠标左键不放，拖动鼠标可以选中需要的段落。

（2）选择"文本"｜"项目符号"命令，弹出"项目符号"对话框，如图6-55所示。

（3）在"字体"下拉框中设置字体样式，在"符号"下拉框中设置项目符号样式，在"大小"选项中设置符号的大小，效果如图6-56所示。

（4）勾选"首字下沉使用悬挂式缩进"复选框，效果如图6-57所示。

✖ 水在加热的过程中，伴随着"咕咕"的沸腾现象，水中的氧气基本都挥发掉了（90℃时，氧气在水中的溶解度接近于零），国外把开水称为"死水"，不利于人体的新陈代谢。

✖ 人体所需要的多种矿物质和微量元素也变成了垢沉积壶底。

✖ 传统的"煮沸法"烧开水，只能将水中的细菌杀死，而不能将水中的其它杂质除掉，同时，被杀死的细菌尸体藏烂后，形成败落晶（PYROGEN），饮用后仍会对人体产生不良作用。

图6-56　添加项目符号的效果

✖ 水在加热的过程中，伴随着"咕咕"的沸腾现象，水中的氧气基本都挥发掉了（90℃时，氧气在水中的溶解度接近于零），国外把开水称为"死水"，不利于人体的新陈代谢。

✖ 人体所需要的多种矿物质和微量元素也变成了垢沉积壶底。

✖ 传统的"煮沸法"烧开水，只能将水中的细菌杀死，而不能将水中的其它杂质除掉，同时，被杀死的细菌尸体藏烂后，形成败落晶（PYROGEN），饮用后仍会对人体产生不良作用。

图6-57　项目符号悬挂式缩进效果

（5）在属性栏上单击"显示/隐藏项目符号"按钮，可以添加或取消项目符号。

6.5　实例：杂志设计（段落文本的连接）

在文本框中经常出现文本被遮住而不能完全显示的问题，可以通过调整文本框的大小来使文本显示完全，还可以通过多个文本框的连接来使文本显示完全。

下面将以"杂志设计"为例，详细讲解段落文本的连接方法和技巧。制作完成的"杂志设计"效果如图6-58所示。

图6-58　杂志设计

（1）选择"文件"|"打开"命令，打开"配套资料\Chapter-06\杂志设计素材.cdr"文件，如图6-59所示。

（2）当文本对象太多，文本框装不下时，会在文本框的下面显示一个▼符号，如图6-60所示。

图6-59　杂志设计素材

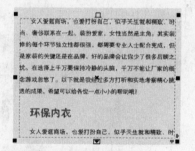

图6-60　文本框不能容纳全部文本

（3）要将没有被显示的文本对象在另外一个文本框中显示，可以再次建立一个文本框。单击▼符号，鼠标变为▤形状，表示可以将没有排完的文本移动到另外一个文本框中。在页面中按住鼠标左键不放，沿对角线拖动鼠标，绘制一个新的文本框，松开鼠标左键，在新绘制的文本框中显示被遮住的文字，效果如图6-61所示。

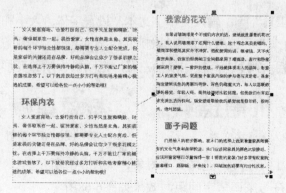

图6-61　段落文本连接方法（1）

（4）还可以将鼠标移动到另外一个文本框上，当鼠标变为黑色箭头，单击另外一个文本框，即可将没有排完的文本移动到另外一个文本框中，如图6-62所示。

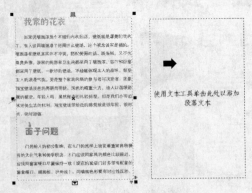

图6-62　段落文本连接方法（1）

6.6　实例：商场促销海报（使用"形状工具"编辑文本）

下面将以"商场促销海报"为例，详细讲解使用"形状工具"编辑文本。制作完成的"商场促销海报"效果如图6-63所示。

（1）选择"文件"|"打开"命令，打开"配套资料\Chapter-06\商场促销海报素材.cdr"文件，如图6-64所示。

图6-63　商场促销海报

图6-64　素材文件

（2）选择"文本工具"，输入美术字文本，设置字体、大小和颜色，如图6-65所示。

（3）选择"选择工具"，双击要倾斜变形的文本对象，旋转和倾斜手柄显示为双箭头，将光标移动到倾斜控制手柄上，按住鼠标左键，拖动鼠标倾斜变形图形，如图6-66所示。

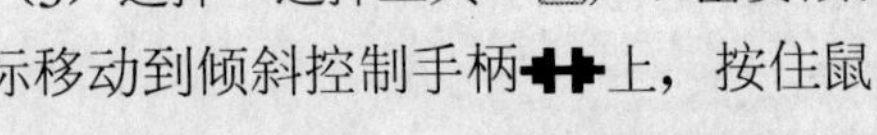

感恩尊师 优惠盛典

图6-65　输入美术字文本

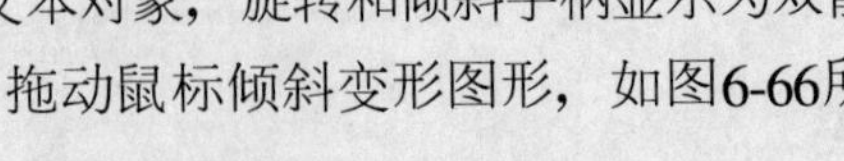

感恩尊师 优惠盛典

图6-66　倾斜变形文本对象

（4）使用"形状工具"，选择文本对象，如图6-67所示。

（5）通过拖动符号来调节字间距，效果如图6-68所示。

图6-67 使用"形状工具"选择文本对象    图6-68 调整字间距

（6）在每个文字的左下角出现空心方格，单击空心方格使其突出显示为黑色方格，文本将处于编辑状态，如图6-69所示。可以利用"形状工具"⟨图标⟩拖动黑色方格到需要的位置，效果如图6-70所示。

图6-69 选中方格    图6-70 拖动黑色方格

（7）利用"形状工具"⟨图标⟩选取文本对象，还可以在"调色板"中设置颜色，在属性栏中设置文本大小、字体、字符角度等，如图6-71所示。设置"感"和"恩"文字的大小，效果如图6-72所示。

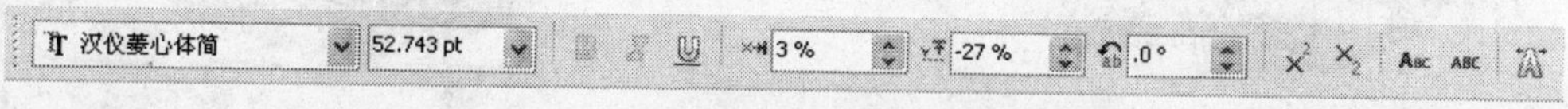

图6-71 属性栏

图6-72 改变文字大小

（8）输入段落文本，设置字体、大小和颜色，如图6-73所示。使用"形状工具"⟨图标⟩选择文本对象，通过拖动⟨符号⟩符号来调节行间距，如图6-74所示。

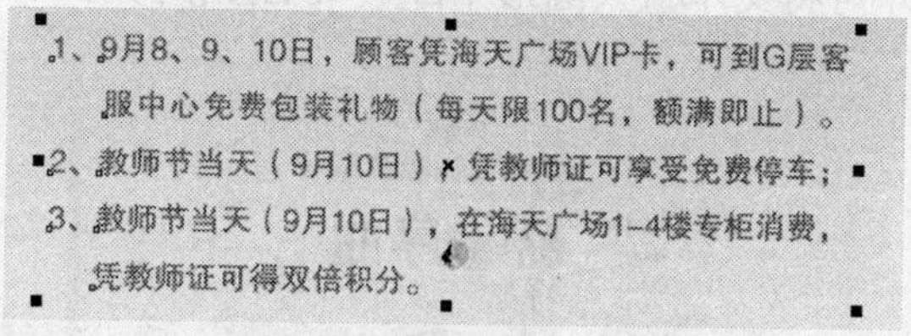

图6-73 输入段落文本 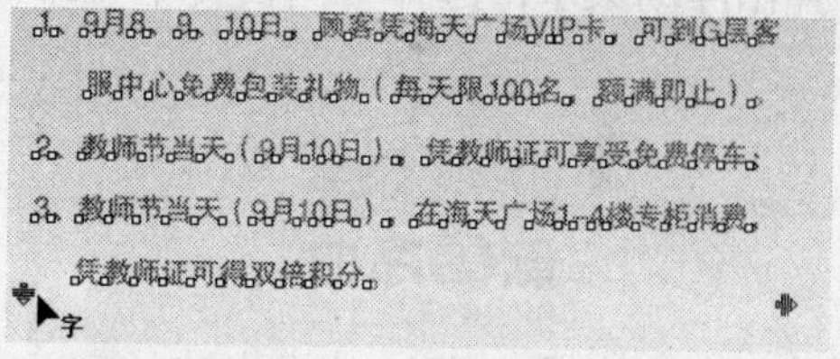   图6-74 调整行间距

6.7 实例：盘面设计（内置文本）

选择文本对象，然后用鼠标右键拖动文本对象到图形对象上，松开鼠标右键，在弹出的菜单中选择"内置文本"命令，即可将文本置入图形对象中，效果如图6-75所示。

图6-75 将文本置入图形对象中

下面将以"盘面设计"为例，详细讲解将文本置入图形对象中的方法和技巧。制作完成的"盘面设计"效果如图6-76所示。

（1）选择"文件"｜"打开"命令，打开"配套资料\Chapter-06\盘面设计素材.cdr"文件，如图6-77所示。

图6-76　盘面设计

图6-77　素材文件

（2）选取大圆形，按数字键盘上的"+"键，在原位置复制一个圆形，按住Shift键，等比缩小圆形，效果如图6-78所示。

（3）选择段落文本对象，然后用鼠标右键拖动文本对象到复制的圆形上，松开鼠标右键，弹出浮动菜单，选择"内置文本"命令，即可将文本置入圆形中，效果如图6-79所示。

图6-78　复制、等比缩小圆形

图6-79　将文本置入圆形中

（4）在段落前，按几下回车键，调整文字位置，如图6-80所示。去除圆形轮廓线，如图6-81所示。

图6-80 调整文字

图6-81 去除圆形轮廓线

6.8 实例：月历设计（设置制表位）

CorelDRAW的制表位具有定位功能，可以让文字对齐特定的位置，"左制表位"、"中制表位"、"右制表位"、"小数点制表位"4种制表位对齐效果如图6-82所示。

市话费	102.5	市话费	102.5	市话费	102.5	市话费	102.5
漫游费	10.4	漫游费	10.4	漫游费	10.4	漫游费	10.4
月租费	36.2	月租费	36.2	月租费	36.2	月租费	36.2

图6-82 4种制表位对齐效果

下面将以"月历设计"为例，详细讲解应用制表位设置日历。制作完成的"月历设计"效果如图6-83所示。

图6-83 月历设计

（1）选择"文件"|"打开"命令，打开"配套资料\Chapter-06\月历设计素材.cdr"文件，如图6-84所示。

（2）选择"文本工具"，输入日历文本，如图6-85所示。设置字体、字号、颜色和行距，如图6-86所示。

（3）将文字光标插入段落文本中，按Ctrl+A全选文字，在上方标尺上出现的多个"L"形滑块就是制表位，将制表位移动到需要的位置，在制表位上单击鼠标右键，在弹出的菜单中选择"中制表位"，如图6-87所示。在标尺的任意位置单击，可以添加制表位，将制表位拖动到标尺外，可删除一些制表位。

图6-84　素材文件

图6-85　输入日历文本

图6-86　设置文本

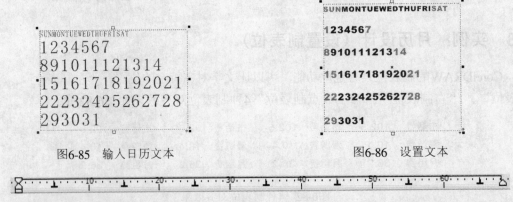

图6-87　设置居中制表位

（4）选择"文本" | "制表位"命令，弹出"制表位设置"对话框，在对话框中精确设置制表位，如图6-88所示。每个制表位应该等距，制表位的间隔距离为10mm。

（5）将文字光标插入段落文本块中，在需要对齐的文字前加入Tab空格，在每个日期和星期左侧插入1个"Tab"键，如图6-89所示。

图6-88　设置等距制表位

图6-89　插入"Tab"键后的效果

在"制表位设置"对话框中还可以设置制表位前导符，单击"前导符选项"按钮，弹出"前导符设置"对话框，如图6-90所示。制表位前导符使目录或清单更加清晰明了，可以沿着前导符方便地阅读两边的内容或条目，如图6-91所示。

图6-90 "前导符设置"对话框

图6-91 前导符效果

(6)选取阳历段落文本，按数字键盘上的"+"键，在原位置复制阳历段落文本。将复制段落文本中的阳历改成阴历文字，设置字体、字号，如图6-92所示。选取阳历段落文本和阴历段落文本，按"L"键进行左对齐，按"T"键进行顶对齐。选取阴历段落文本，按Ctrl键向下移动一定距离，将两个段落文本错开，如图6-93所示。

图6-92 制作阴历

图6-93 日历效果

6.9 实例：标志设计（使文本适合路径）

CorelDRAW X4提供了一个灵活强大的文本编辑功能"使文本适合路径"，使用户可以借助图形对象灵活多变的路径，随意地排列文本的形状。文本的适合路径可分为开放路径和闭合路径两种类型。当文本适合路径后，可以删除辅助的路径图形，只保留已适合到路径的文本。

下面将以"标志设计"为例，详细讲解文本沿路径排列的方法和技巧。制作完成的"标志设计"效果如图6-94所示。

（1）选择"贝塞尔工具"和"椭圆工具"绘制图形，如图6-95所示。

图6-94 标志设计

图6-95 绘制图形

（2）选取曲线图形，按数字键盘上的"+"键，复制曲线图形。然后按住Ctrl键，将曲线图形向上侧移动一定距离，如图6-96所示。选取上侧曲线图形和正圆形，单击属性栏中的"后减前"按钮，效果如图6-97所示。

（3）选择"文本工具"，在页面中单击，然后输入"www.yejingjin.com"文字，选择

"选择工具" ，在属性栏中设置字体为"Arial Black"，文字填充颜色（C95，M67，Y7），如图6-98所示。

图6-96　复制、移动图形

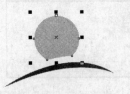

图6-97　图形造形

（4）选择"选择工具" ，选取文字，选择"文本"|"使文本适合路径"命令，当光标形状变为 时，移动鼠标到圆形图形上并单击，得到如图6-99所示效果。

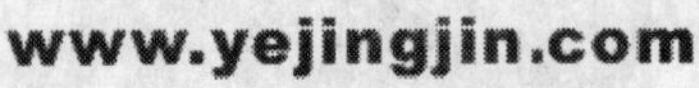

www.yejingjin.com

图6-98　设置字体、填充颜色

图6-99　文本沿路径排列

（5）选中沿路径排列的文本，属性栏如图6-100所示，在属性栏中可以设置"文字方向" 、"与路径距离" 66.0 mm、"水平偏移" 19.077mm，通过设置可以产生多种文字沿路径排列效果。

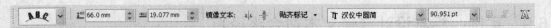

图6-100　"使文本适合路径"的属性栏

6.10　实例：音乐人（文本转换为曲线）

选择"排列"|"转换为曲线"命令，或单击属性栏中的"转换为曲线" 按钮，即可将文本转换为曲线，文本转换为曲线后可以像其他图形那样使用"形状工具" 进行编辑。

下面将以"音乐人"为例，详细讲解"将文本转换为曲线"命令的应用。制作完成的"音乐人"效果如图6-101所示。

图6-101　音乐人

（1）选择"文本工具" ，在页面中单击，然后输入"音乐人"文字，如图6-102所示。选择"选择工具" ，在属性栏中设置字体为"方正稚艺简体"，文字填充蓝色，如图6-103所示。

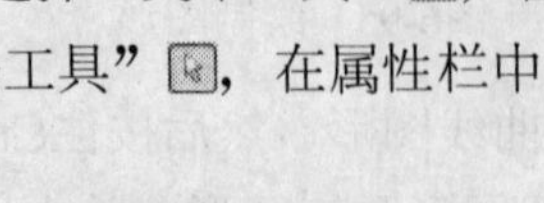

音乐人

图6-102　输入文字

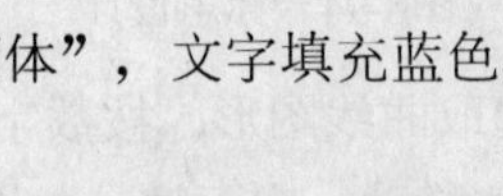

音乐人

图6-103　设置字体、填充颜色

（2）选取文字，选择"排列"|"拆分"命令，或按**Ctrl+K**快捷键，拆分文字。选中拆分出的单个文字，旋转一定的角度，效果如图6-104所示。

（3）按住**Shift**键，选取拆分的"音乐人"文字，选择"排列"|"转换为曲线"命令，或按**Ctrl+Q**快捷键，将文字转换为曲线，选择"形状工具" ，显示节点，如图6-105所示。

图6-104　拆分、旋转文字　　　　　　　　　图6-105　将文字转换为曲线

（4）选择"形状工具" ，选择"乐"文字上的节点，如图6-106所示。按**Delete**键删除选中的节点，效果如图6-107所示。

图6-106　选择节点　　　　　　　　　　　　图6-107　删除节点

（5）选择"椭圆工具" 、"矩形工具" 、"贝塞尔工具" 绘制图形，如图6-108所示。

图6-108　绘制曲线图形

（6）选取音符图形，在属性栏 315.0 中设置旋转角度为315°，按**Enter**键确认，移动至"乐"文字上方，效果如图6-109所示。

（7）使用同样的方法，设计"人"艺术字，如图6-110所示。

图6-109　艺术文字　　　　　　　　　　　　图6-110　文字设计

6.11　使用字符和符号

CorelDRAW X4提供了多种特殊字符，可在段落中加入特殊字符，也可以将这些特殊字符当成一个图形添加到绘图中。

在CorelDRAW X4中，可以创建、编辑和使用符号，或将符号当成一个图形添加到绘图中。

1. 使用字符

（1）选择"文本"|"插入符号字符"命令，弹出"插入字符"对话框，如图6-111所示。

（2）在"字体"下拉列表中选择字体，在美术字文本或段落文本中，将光标移动到合适的位置，然后双击"插入字符"对话框中的字符，字符就被插入到当前光标的位置，如图6-112所示。

（3）在"插入字符"对话框中单击选中需要的字符，将字符拖动到页面中，松开鼠标左键，字符被添加到页面中并成为图形，将符号填充为橙色，如图6-113所示。

图6-112　插入特殊字符

图6-111　"插入字符"对话框

图6-113　添加字符作为图形

2. 使用符号

（1）选取需要新建为符号的图形，选择"编辑"|"符号"|"新建符号"命令，完成新建符号，如图6-114所示。

（2）选择"编辑"|"符号"|"符号管理器"命令，弹出"符号库"泊坞窗，在"符号库"泊坞窗中显示了新建的符号，通过拖动符号库中的符号可以向绘图页面中添加符号，如图6-115和图6-116所示。

图6-114　新建符号

图6-115　"符号管理器"泊坞窗

图6-116　使用符号

（3）选择"编辑"|"符号"|"编辑符号"命令，可以对符号进行编辑；选择"编辑"|"符号"|"还原为对象"命令，可以将符号还原。

6.12 实例：宣传页设计（文本和图形样式）

将对象的属性保存起来，就是"样式"。应用样式，就是按保存好的属性重新设定对象。利用样式可以设计出统一风格的作品。

下面将以"宣传页设计"为例，详细讲解文本和图形样式的创建和应用。制作完成的"宣传页设计"效果如图6-117所示。

1. 创建样式

（1）选择"文件"|"打开"命令，打开"配套资料\Chapter-06\宣传页设计素材.cdr"文件，如图6-118所示。

图6-117 宣传页设计

图6-118 宣传页设计素材

（2）输入段落文本，如图6-119所示。

（3）选择"工具"|"图形和文本样式"命令，弹出样式泊坞窗，单击泊坞窗右上角的三角形▣，在弹出的菜单命令中选择"新建"命令，弹出如图6-120所示的菜单。

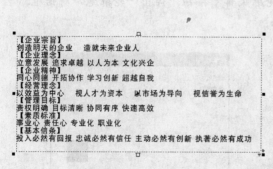

图6-119 输入段落文本

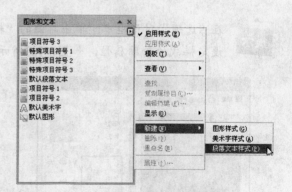

图6-120 弹出的菜单（1）

（4）选择"段落文本样式"命令，在泊坞窗口就会出现"新建段落文本"选项。选择该选项并单击鼠标右键，弹出的菜单如图6-121所示。

（5）选择"属性"命令，弹出"选项"对话框，如图6-122所示。

图6-121　弹出的菜单（2）

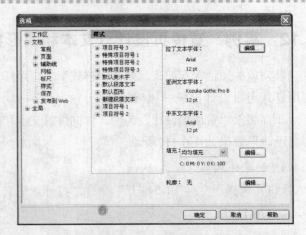

图6-122　"选项"对话框

（6）单击右侧的文本"编辑"按钮，弹出"格式化文本"对话框，设定段落文本样式属性（字体、大小、对齐方式、段落间距、行距），如图6-123所示。

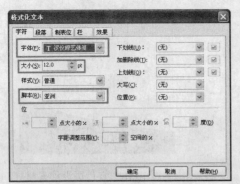

图6-123　设置样式字符属性

（7）单击右侧的"填充编辑"按钮，弹出"均匀填充"对话框，设定样式的填充属性，如图6-124所示。

提示　在"选项"对话框中，单击右侧的"轮廓编辑"按钮，弹出"轮廓笔"对话框，设定样式的轮廓属性，如图6-125所示。

图6-124　设置样式的填充属性

图6-125　设置样式的轮廓属性

（8）单击"选项"对话框中的"确定"按钮，完成样式属性的设置。

（9）在样式泊坞窗中，选择"新建段落文本"选项并单击鼠标右键，弹出菜单，选择
"重命名"命令，如图6-126所示，将样式命名为"小标题"，如图6-127所示。

图6-126 选择"重命名"命令

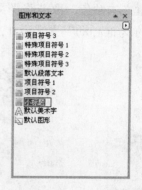

图6-127 创建"小标题"样式

2. 应用样式

（1）选择"文本工具"，将文字光标插入段落文本中。

（2）在样式泊坞窗中，双击"小标题"样式名称，段落文本即可应用"小标题"样式，
如图6-128所示。

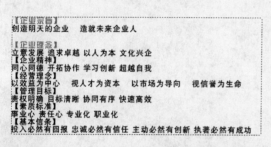
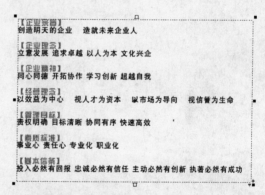

图6-128 段落文本应用"小标题"样式

 创建、应用图形样式的方法与创建、应用文本样式相同。

课后练习

1. 制作字母蝴蝶，效果如图6-129所示。

图6-129 效果图

要求：

①使用"贝塞尔工具" 绘制蝴蝶图形。

②使用"文本工具" 在路径上连续创建蝴蝶的英文翻译。

③设置文本颜色，取消路径文字轮廓线的填充，完成制作。

2. "你为谁心动"文字设计，效果如图6-130所示。

图6-130　效果图

要求：

①新建文件，创建背景。

②使用"文本工具" 创建文字。

③将文本转换为曲线。

第7课
使用交互式工具

本课知识结构

利用CorelDRAW X4交互式工具为图形创建封套、立体化、轮廓图、变形、调和、阴影等特殊效果，综合运用各种效果，可以使绘制的图形拥有无穷的魅力。交互式工具包括"交互式调和工具"、"交互式轮廓图工具"、"交互式变形工具"、"交互式阴影工具"、"交互式封套工具"、"交互式立体化工具"和"交互式透明工具"。本课将学习使用交互式工具的方法和技巧，创建各种特殊效果。

就业达标要求

☆ 交互式调和工具　　　　　　　　☆ 交互式轮廓图工具
☆ 交互式变形工具　　　　　　　　☆ 交互式阴影工具
☆ 交互式封套工具　　　　　　　　☆ 交互式立体化工具
☆ 交互式透明工具

7.1　实例：彩虹（交互式调和工具）

利用"交互式调和工具"，可以创建对象间形状和颜色的过渡效果，包括4种基本形式，分别为直接调和、手绘调和、沿路径调和和复合调和。

下面将以"彩虹"为例，详细讲解使用"交互式调和工具"制作调和图形。制作完成的"彩虹"效果如图7-1所示。

1. 直接调和

（1）选择"文件" | "打开"命令，或按Ctrl+O快捷键，或者在标准工具栏上单击"打开"按钮，打开"配套资料\Chapter-07\彩虹素材.cdr"文件，如图7-2所示。

图7-1　彩虹

图7-2　打开文件

（2）使用"椭圆工具"◎绘制一个正圆形，原位复制圆形并等比放大，如图7-3所示。

（3）设置大圆形的轮廓色为红色，小圆形的轮廓色为洋红，轮廓宽度为3mm，如图7-4所示。

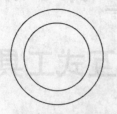

图7-3　绘制圆形

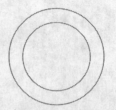

图7-4　设置圆形轮廓色

（4）选中大圆形后，选择"交互式调和工具"◎，将鼠标移动到大圆形上，按住左键向小圆形拖动，效果如图7-5所示。

（5）可以在属性栏的"步长或调和形状之间的偏移量"参数栏中调整调和的步数。在属性栏中单击"顺时针调和"按钮◎，效果如图7-6所示。通过设置"颜色调和"◎◎◎来选择颜色的调和方式。

- ◎表示颜色渐变的方式为直接渐变。
- ◎表示颜色渐变的方式为色彩轮盘顺时针渐变。
- ◎表示颜色渐变的方式为色彩轮盘逆时针渐变。

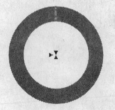

图7-5　直接调和图形

图7-6　生成的调和效果

（6）选择调和图形，选择"交互式透明工具"◎，在属性栏的"透明类型"下拉列表中选择一种"线性"透明类型。使用鼠标单击确定渐变透明的起点，从上向下拖动鼠标，如图7-7所示，释放鼠标，渐变透明的效果如图7-8所示。

图7-7　图形设置渐变透明

图7-8　线性渐变透明效果

2. 手绘调和

（1）在页面绘制两个对象，如图7-9所示。

（2）选中其中一个对象后，选择"交互式调和工具"◎，按住Alt键，按住鼠标左键并拖动出一条路径，在另一个对象位置释放鼠标，即可完成手绘调和操作，如图7-10所示。

图7-9　绘制两个图形

图7-10　手绘调和图形

（3）单击属性栏中的"对象和颜色加速"按钮，弹出如图7-11所示的对话框，可以在对话框中调整对象和颜色的加速属性，对象和颜色的加速调和效果如图7-12所示。

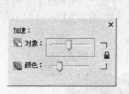

图7-11　"对象和颜色加速"对话框

图7-12　对象和颜色的加速调和效果

（4）单击属性栏中的"加速调和时的大小调整"按钮，可以控制调和的加速属性。单击"杂项调和选项"按钮，可以进行更多的调和设置。

（5）在建立调和效果时，先绘制的是起点对象，后绘制的是终点对象，可以将起点对象或终点对象更换为另一个对象。首先在调和对象的上面绘制另外一个新图形，如图7-13所示。选中调和的对象，单击属性栏中的"起始和结束对象属性"按钮，弹出如图7-14所示的菜单，选择"新终点"选项，光标变为，在新的终点对象上单击，如图7-15所示，终点对象被更改，效果如图7-16所示。

图7-13　调和图形和新图形

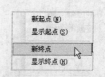

图7-14　弹出菜单

图7-15　更换终点对象

图7-16　更换终点对象效果

3. 沿路径调和

（1）使用沿路径调和效果，过渡的图形会沿着指定的路径来变化，在过渡之前，先制作出直接调和图形并绘制一条路径，如图7-17所示。

（2）选择调和图形，如图7-18所示。

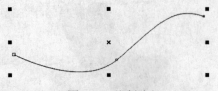

图7-17　绘制路径

图7-18　选择调和图形

（3）单击属性栏上的"路径属性"按钮，在弹出的菜单中选择"新路径"命令。光标显示为，将光标移动到绘制的路径上单击，即可创建沿路径调和的图形，如图7-19所示。

（4）使用"选择工具"选择并拖动起点图形或终点图形可以调整调和对象在路径上的分布情况，将路径选中并设置轮廓色为无，可以隐藏该路径，如图7-20所示。

图7-19　沿路径调和的效果

图7-20　隐藏调和路径

（5）选择"效果"|"调和"命令，弹出"调和"泊坞窗，如图7-21所示。勾选"沿全路径调和"复选框，单击"应用"按钮，效果如图7-22所示。

图7-21　"调和"泊坞窗

图7-22　沿全路径调和

（6）在"调和"泊坞窗中再勾选"旋转全部对象"复选框，效果如图7-23所示。

（7）单击属性栏上的"路径属性"按钮，在弹出菜单中选择"从路径分离"命令，使调和图形不再沿着路径变化，效果如图7-24所示。

图7-23　旋转全部对象

图7-24　调和图形从路径分离

4. 复合调和

（1）复合调和是由2个以上的对象调和而成的，其创建方法与直接调和相似。绘制4个图形，如图7-25所示。

（2）先使 ● 与 ● 调和，步长为6，效果如图7-26所示。

图7-25 需要进行调和的对象

图7-26 先进行两个对象的调和

（3）再使 ● 与 调和，步长为6，效果如图7-27所示。

（4）再使 与 ✕ 调和，步长为6，效果如图7-28所示。

图7-27 增加一个调和对象

图7-28 完成所有调和操作

5. 拆分调和对象

（1）使用"交互式调和工具" ，选中一个调和对象，在"调和"泊坞窗中单击"杂项调和选项"按钮，如图7-29所示。

（2）光标变为 ，在要拆分的对象上单击，如图7-30所示。

图7-29 "调和"泊坞窗

图7-30 拆分调和对象

（3）被选中的对象变为独立的对象，如图7-31所示。

（4）选择"选择工具" ，拆分的对象被选中。拖动被拆分的对象可以改变调和的效果，如图7-32所示。被拆分的对象变为独立对象后，可以和其他对象建立调和。

图7-31 调和对象变为独立的对象

图7-32 拖动被拆分的对象

7.2　实例：灯笼（交互式调和工具）

下面将以"灯笼"为例，详细讲解使用"交互式调和工具" 制作调和图形。制作完成的"灯笼"效果如图7-33所示。

（1）选择"椭圆工具" ，绘制椭圆形；选择"矩形工具" ，绘制矩形；选择"贝塞尔工具" ，绘制曲线图形。为图形填充颜色和渐变色，效果如图7-34所示。

图7-33　"花好月圆"灯笼　　　　　　　图7-34　绘制图形

（2）选择"钢笔工具" ，按住Shift键，绘制直线，设置线宽为1.0mm，颜色为（M4，Y98）。按住Ctrl键，按下鼠标左键向右拖动，在不释放鼠标左键的情况下单击鼠标右键，复制直线，如图7-35所示。

（3）选择"贝塞尔工具" ，绘制一条路径，如图7-36所示。

图7-35　绘制、复制直线　　　　　　　图7-36　绘制一条路径

（4）选择"交互式调和工具" ，在一条直线上按住鼠标左键向另一条直线拖动，释放鼠标左键，将属性栏中 100 选项的值设置为100，效果如图7-37所示。

（5）选择调和图形，然后单击属性栏上的"路径属性"按钮 ，在弹出的菜单中选择"新路径"命令。光标显示为 ，将鼠标光标移动到绘制的路径上单击，即可创建沿路径调和的图形，将路径设置为无色，如图7-38所示。

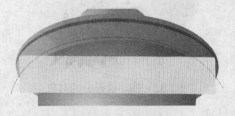

图7-37　直接调和图形　　　　　　　图7-38　沿路径调和图形

（6）绘制、复制直线，设置线宽为1.0mm，颜色为（M20，Y94），绘制一条路径，参照上述调和图形的制作方法，制作另一个调和图形，效果如图7-39所示。

图7-39　生成的调和效果

（7）选择"钢笔工具"，绘制两条曲线，设置线宽为0.75mm；选择"排列"|"将轮廓转换为对象"命令，或按Ctrl+Shift+Q快捷键，将轮廓线转换为对象，如图7-40所示。

（8）为曲线填充自定义射线渐变，效果如图7-41所示。

图7-40　绘制曲线　　　　　　　　　　　　　　图7-41　曲线填充射线渐变

（9）选择"交互式调和工具"，在一条曲线上按住鼠标左键向另一条曲线拖动，释放鼠标左键，将属性栏中 20 选项的值设置为20，效果如图7-42所示。

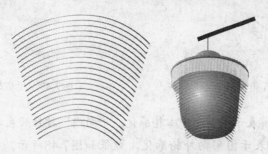

图7-42　生成的调和效果

（10）选取调和图形，选择"效果"|"图框精确剪裁"|"放置在容器中"命令，此时光标显示为 ➡ 图标。将光标移动到曲线图形边框上单击，图形即置于曲线图形中，效果如图7-43所示。

（11）参照路径调和图形的制作方法，制作灯笼下端的调和图形，效果如图7-44所示。

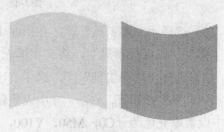

图7-43　应用"图框精确剪裁"的效果　　　　　　　图7-44　沿路径调和图形

（12）绘制并填充其他图形，调整图形排列顺序，完成灯笼的绘制。

7.3 实例：星光灿烂（交互式轮廓图工具）

图7-45　星光灿烂

轮廓图效果是由图形中向内部或者外部放射的层次效果，由多个同心线圈组成。

下面将以"星光灿烂"为例，详细讲解使用"交互式轮廓图工具" ▣生成轮廓图的效果。制作完成的"星光灿烂"效果如图7-45所示。

1. 生成轮廓图

（1）选择"星形工具" ▣，按住Ctrl键绘制一个正五角星形，边数设置为5，星形锐度为50，轮廓色为（C0，M50，Y100，K0）轮廓宽度为2pt，单击"自由变换"工具 ▣，对星形进行倾斜，如图7-46所示。

（2）选择"交互式轮廓图工具" ▣，将属性栏中"轮廓图偏移"选项 [1.5 mm ▢]设置为1.5mm，确认"填充色"为（C0，M50，Y100，K0），"轮廓色"为（C0，M10，Y100，K0），"轮廓图步长" [8 ▢]为8，然后单击"向外" ▣按钮，生成轮廓效果图，如图7-47所示。

图7-46　绘制五角星形

图7-47　生成轮廓效果图

提示

"到中心"按钮 ▣表示图形向中心轮廓化，"向内"按钮 ▣表示图形向内轮廓化，"向外"按钮 ▣表示图形向外轮廓化，效果如图7-48所示。

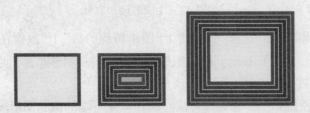

图7-48　图形轮廓化效果

（3）选择"文本工具" ▣，在页面中单击，然后输入"星光灿烂"文字，在属性栏中设置字体为"汉仪行楷简"，将文字填充黄色，如图7-49所示。

（4）选择"选择工具" ▣，选中文字对象，选择"交互式轮廓图工具" ▣，在属性栏上单击"向外"按钮 ▣，在 [2 ▢]中设置轮廓图的步数，在 [2.0 mm ▢]中设置轮廓图的偏移，在 ▣中设置填充色为（C0，M50，Y100，K0），效果如图7-50所示。

（5）在属性栏上单击"清除变形"按钮 ▣，可以将轮廓图效果清除，恢复为原来的图形形态。

图7-49　输入、设置文字　　　　　　　图7-50　生成描边文字效果

　对象应用轮廓图效果后，对所有原始对象所做的修改，包括形状和填充的修改都会影响到轮廓效果。

2. 拆分轮廓图

（1）选择"选择工具"，选中轮廓化图形。

（2）选择"排列"|"拆分"命令，将轮廓化图形拆分，使用"选择工具"选中拆分的轮廓化对象并移动它，效果如图7-51所示。

图7-51　拆分轮廓图

3. 复制轮廓图属性

（1）选取四边形，选择"交互式轮廓图工具"，在属性栏上单击"复制轮廓图属性"按钮，鼠标变为黑色箭头，用黑色箭头在轮廓化图形上单击。

（2）轮廓图属性被复制到四边形上，如图7-52所示。

图7-52　复制轮廓图属性

（3）复制轮廓图属性只能复制轮廓图的步数、偏移量和轮廓线颜色，不能复制颜色填充属性。

7.4　实例：时尚旋风（交互式变形工具）

"交互式变形工具"可以为图形创建特殊的变形效果。

下面将以"时尚旋风"为例，详细讲解使用"交互式变形工具"为图形创建特殊的变形效果。绘制完成的"时尚旋风"效果如图7-53所示。

（1）选择"星形工具"，按住Ctrl键绘制一个正六角星形，边数设置为6，星形锐度为50，填充射线渐变色，如图7-54所示。

（2）选取星形，选择"交互式变形工具"，在属

图7-53　时尚旋风

性栏上单击"扭曲变形"按钮，在星形中央按下鼠标左键并拖动鼠标，应用变形效果如图7-55所示。推拉变形、拉链变形和扭曲变形三种变形方式的效果对比如图7-56所示。

图7-54　绘制、填充星形　　　　　图7-55　交互式变形效果

图7-56　三种变形方式的效果对比

- 推拉变形：通过拖动鼠标光标将选取的图形边缘推进或拉出，在属性栏的 中，可以输入数值来控制推拉变形的幅度，如图7-57所示。单击属性栏中的"中心变形"按钮，可以将变形的中心移至图形的中心。

图7-57　调整推拉变形的幅度

- 拉链变形：可以将当前选择的图形边缘调整为尖锐的锯齿状轮廓效果，在属性栏的 中可以输入频率的数值来设置两个节点之间的锯齿数，在进行拉链变形前，要先设置好频率的数值，设置不同的频率数值可以制作出不同的变形效果，如图7-58所示。单击属性栏中的"随机变形"按钮，可以随机地变化图形锯齿的深度；单击属性栏中的"平滑变形"按钮，可以将图形锯齿的尖角变成圆弧；单击属性栏中的"局部变形"按钮，在图形中拖动鼠标，可以将图形锯齿的局部进行变形，如图7-59所示。

图7-58　调整拉链变形的频率

图7-59　随机、平滑和局部变形效果

- 扭曲变形：在属性栏的"完全旋转" 中输入数值可以设置完全旋转的圈数，设置圈数的数值在0~9之间，设置不同圈数的完全旋转效果如图7-60所示。在属性栏的"附加角度" 中输入数值可以设置旋转的角度。单击属性栏中的"顺时针旋转"

按钮和"逆时针旋转"按钮，可以设置旋转的方向，效果如图7-61所示。

图7-60　设置完全旋转的圈数　　　　　　　图7-61　顺时针和逆时针旋转

（3）选择"自由变换工具"，对变形图形进行缩放、倾斜、旋转，如图7-62所示。

（4）选择"文本工具"，输入"时尚旋风"文字，字体为"汉仪大黑简"，选择"形状工具"，调节字距，如图7-63所示。

图7-62　图形自由变换　　　　　　　　　　图7-63　调整字距

（5）选取文字，选择"效果"|"添加透视"命令，将光标放置在变换框右上角的控制点上，按下鼠标向上拖动，将光标放置在变换框右下角的控制点上，按下鼠标向下拖动，如图7-64所示。

图7-64　透视变形

（6）按Ctrl+Q快捷键，将文字转换为曲线，选择"形状工具"，选择"风"文字上的节点，按Delete键删除选中的节点，如图7-65所示。

（7）选择"贝塞尔工具"或"钢笔工具"，勾画"⚡"图形并填充自定义线性渐变，如图7-66所示。

图7-65　选择、删除节点　　　　　　　　　图7-66　勾画、填充曲线图形

（8）为"时尚旋风"图形填充自定义线性渐变，调整文字图形与变形图形的排列顺序。

7.5　实例：时针（交互式阴影工具）

使用"交互式阴影工具"，可以为图形加上阴影效果，加强图形的可视性和立体感，使图形更加形象。

下面将以"时针"为例，详细讲解"交互式阴影工具"为图形添加阴影效果，还可以设置阴影的透明度、角度、位置、颜色和羽化程度。绘制完成的"时针"效果如图7-67所示。

（1）选择"椭圆工具"，按住Ctrl键，绘制正圆形，为圆形填充自定义线性渐变色，效果如图7-68所示。选取正圆形，按数字键盘上的"+"键，在原位置复制一个正圆形，按住Shift

图7-67　时钟

键，等比缩小正圆形。选取缩小的正圆形，在属性栏中将轮廓线宽度设置为 <u>.2 mm</u> ▼ 0.2mm，轮廓线颜色为（C42，M78，Y99，K4），填充色为无，如图7-69所示。

图7-68　绘制、填充圆形

图7-69　设置圆形

（2）选择"椭圆工具" ，按住Ctrl键，绘制小正圆形，为圆形填充圆锥渐变色，如图7-70所示。选取小正圆形，按Ctrl+C快捷键复制，按Ctrl+V快捷键粘贴。选择小正圆形，然后双击，旋转和倾斜手柄显示为双箭头，显示中心标记，在标准工具栏中单击贴齐 ▼ 按钮，在弹出菜单中勾选"贴齐对象"命令，拖动中心标记至正圆形中心以指定旋转中心，如图7-71所示。

图7-70　绘制、填充小圆形

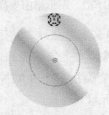

图7-71　指定旋转中心

（3）在属性栏 <u>30</u> 中设置旋转角度为 −30°，旋转再制小正圆形，效果如图7-72所示。连续按10次Ctrl+D快捷键，连续再制小正圆形，效果如图7-73所示。

图7-72　旋转再制小正圆形

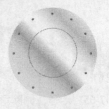

图7-73　时钟刻度

（4）使用"椭圆工具" 、"钢笔工具" 、"矩形工具" 等绘图工具绘制图形，然后单击属性栏中的"焊接"按钮 ，将各个图形焊接在一块，焊接成时针和分针图形，效果如图7-74所示。

（5）选择"选择工具" ，分别选取时针和分针图形，选择"交互式阴影工具" ，按住鼠标左键向阴影投射的方向拖动鼠标，即可为选取的对象添加阴影，阴影效果如图7-75所示，属性栏设置如图7-76所示。

图7-74　绘制时针和分针图形

图7-75　添加交互式阴影

图7-76　阴影设置

- 在属性栏的"预设列表"下拉列表中 预设... 选择预设的阴影效果，如图7-77所示。单击预设框后面的按钮 + - ，可以添加或删除预设框中的阴影效果。

图7-77　预设阴影效果

- 在"阴影偏移" x: 1.907 mm y: -3.744 mm 中输入数值可以设置阴影的偏移位置。
- 在属性栏的"阴影角度" 中设置阴影的变化角度，不同角度的阴影效果，如图7-78所示。

图7-78　不同角度的阴影效果

- 在"透明度" 70 中设置阴影的透明度，不同透明度的阴影效果如图7-79所示。

图7-79　不同透明度的阴影效果

- 在"阴影羽化" 15 中设置阴影羽化程度，数值越小，羽化程度越少，不同羽化程度的阴影效果如图7-80所示。

图7-80　不同羽化程度的阴影效果

- 单击"阴影羽化方向"按钮，选择一种阴影羽化方向，分别是内部、中间、外部、平均；单击"阴影羽化边缘"按钮，弹出"羽化边缘"设置区，可以设置阴影的羽化边缘模式，如图7-81所示。

图7-81　设置阴影羽化方向和羽化边缘模式

- 在"阴影淡出"和"阴影延展"  中输入数值可以设置阴影的淡化和延展。
- 在"阴影颜色" ▓▾中设置阴影的颜色。
- 拖动阴影控制线上的图标✐，可以调节阴影的透光程度。拖动时越靠近图标□，透光度越小，阴影越淡，越靠近图标▓，透光度越大，阴影越浓，如图7-82所示。

图7-82　调节阴影的透光程度

（6）选择"文本工具"字，在页面中单击，然后输入特殊数字"Ⅻ"文字，选取"Ⅻ"文字，在属性栏中设置字体为"汉仪中宋简"，如图7-83所示。

（7）选取"Ⅻ"文字，按Ctrl+C快捷键复制，按Ctrl+V快捷键粘贴。选择"Ⅻ"文字，然后双击，旋转和倾斜手柄显示为双箭头，显示中心标记，在标准工具栏中单击贴齐▾按钮，在弹出菜单中勾选"贴齐对象"命令，拖动中心标记至大正圆形中心以指定旋转中心。在属性栏⊙ -30 中设置旋转角度为－30°，旋转复制"Ⅻ"文字，如图7-84所示。

图7-83　输入并设置文字

图7-84　旋转再制文字

（8）连续按10次Ctrl+D快捷键，连续再制"Ⅻ"文字，效果如图7-85所示。更改时间文字，如图7-86所示。

图7-85　连续再制文字

图7-86　时钟的时间刻度

（9）在属性栏上单击"清除阴影"按钮⊗，可以将制作的阴影清除。

（10）选取一个图形，选择"交互式阴影工具"▢，在属性栏上单击"复制阴影的属性"按钮⊡，鼠标变为黑色箭头，用黑色箭头在已制作阴影图形的阴影上单击，阴影复制完成，如图7-87所示。

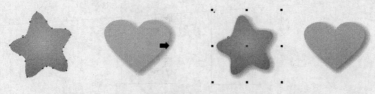

图7-87　复制阴影

7.6 实例：新店开业（交互式封套工具）

利用"交互式封套工具" 可以在图形或文字的周围添加带有控制点的虚线框，通过调整控制点的位置，可以很容易地对图形或文字进行变形。

下面将以"新店开业"宣传页为例，详细讲解使用"交互式封套工具"制作变形文字。制作完成的"新店开业"宣传页效果如图7-88所示，宣传页设计形式活泼、色彩明快、文字醒目。

（1）选择"文件"|"打开"命令，打开"配套资料\Chapter-07\新店开业宣传页素材.cdr"文件，如图7-89所示。

图7-88 "新店开业"宣传页    图7-89 打开文件

（2）选择"文本工具"，在页面中单击，然后输入"真情无限 快乐无限"文字，选择"选择工具"，在属性栏中设置字体为"汉仪大黑简"，文字填充洋红，如图7-90所示。

（3）选择文字，选择"交互式封套工具"，鼠标形状变为，用鼠标单击对象，对象的四周将会显示带控制点的虚线框，如图7-91所示。

图7-90 输入并设置文字    图7-91 带控制点的虚线框

（4）移动鼠标到控制点处，当鼠标的形状变为时，即可按下鼠标左键进行控制点的拖动，松开鼠标确定后，对象的形状将发生相应的改变。选择上端中间控制点，单击属性栏的"直线模式"按钮，按住鼠标左键并向下拖动，对控制点的位置进行调整，如图7-92所示。调整其他控制点，效果如图7-93所示。

图7-92 对象封套变形 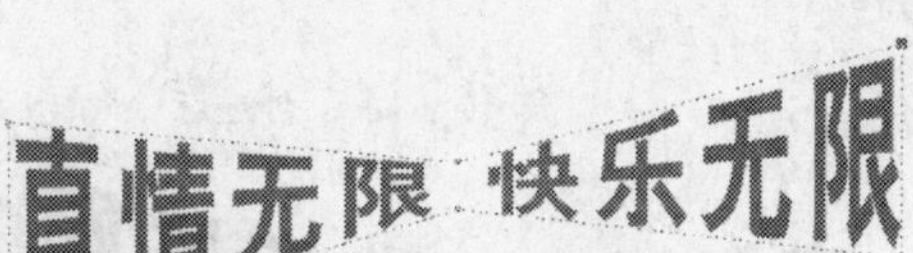   图7-93 文字封套变形后的效果

- 在属性栏上单击"直线模式"按钮▢表示封套上线段的变化为直线，如图7-94所示。单击"单弧模式"按钮▢表示封套上线段的变化为单弧线，如图7-95所示。单击"双弧模式"按钮▢表示封套上线段的变化为双弧线，如图7-96所示。单击"非强制模式"按钮▢表示封套上线段的变化为不受任何限制，可以任意调整选择的控制点和控制柄，如图7-97所示。

图7-94　直线模式效果　　　　　　　　　　图7-95　单弧模式效果

图7-96　双弧模式效果　　　　　　　　　　图7-97　非强制模式效果

 选择"非强制模式"按钮▢，使用鼠标和属性栏中的按钮▨▨　▨ ▨ ▨ ▨，可以对封套上的控制点进行移动、添加、删除和更改平滑属性等操作，封套上的节点也可以通过属性栏更改属性。

- 在属性栏的"预设列表"下拉列表中 预设 ▽ 选择预设的封套效果，如图7-98所示。单击预设框后面的按钮 ➕ ▬，可以添加或删除预设框中的封套效果。

图7-98　预设封套效果

- 在属性栏的"映射模式" 自由变形 ▽ 中选择封套的映射模式，使用不同的映射模式可以使封套中的对象符合封套的形状，制作出需要的变形效果。

（5）选取文字，进行复制，向右下侧移动一定距离，填充黑色，按**Ctrl+PageDown**快捷键将复制的文字后移一层，如图7-99所示。

（6）选择"钢笔工具"▨勾画图形，设置填充颜色为（M100，Y100，K40），如图7-100所示。

图7-99　复制、移动变形文字　　　　　　　　图7-100　勾画图形

7.7 实例：周年庆典宣传画（交互式立体化工具）

利用"交互式立体化工具" 可以将创建的二维图形转变为三维的立体化图形，将一个对象立体化时，CorelDRAW X4把沿对象的边的投影点连接起来形成面，立体化的面和它的控制对象形成一个动态的链接组合，可以任意改变。

下面将以"周年庆典宣传画"为例，详细讲解使用"交互式立体化工具" 制作立体图形。制作完成的"周年庆典宣传画"效果如图7-101所示。宣传画颜色热烈，星光璀璨，图案活泼、喜庆，立体文字和图形突出重点，又寓意企业成功。

图7-101 周年庆典宣传画

（1）选择"文本工具" ，在页面中单击，分别输入数字文字和汉字文字，设置字体，选择"矩形工具" ，绘制一个矩形，效果如图7-102所示。

（2）选取文字和矩形，选择"自由扭曲工具" ，在属性栏"倾斜角度" 中输入倾斜角度为 -10°，效果如图7-103所示。

图7-102 输入文字、绘制矩形

图7-103 倾斜文字和矩形

（3）为文字和矩形填充从颜色（Y100）到颜色（Y20）的线性渐变，效果如图7-104所示。

（4）选取文字和矩形，在属性栏 中设置旋转角度为6.8°，按Enter键确认，如图7-105所示。

图7-104 文字和矩形填充线性渐变

图7-105 旋转文字和矩形

（5）选取数字"15"，选择"交互式立体化工具" ，鼠标在工作区中的形状变为 。将光标放置到文字上按下鼠标左键并向想要的立体化方向（右上角）拖动。在拖动过程中，图形的四周会出现一个立体化框架，同时有一个指示延伸方向的箭头出现，如图7-106所示。

（6）释放鼠标后，单击属性栏中的"颜色"按钮![图标]，在弹出的面板中激活"使用递减的颜色填充"按钮![图标]，将"从"颜色设置为（M100，Y100），将"到"颜色设置为（C40，M100，Y100，K20），在属性栏的"深度"![图标36]中输入36，效果如图7-107所示。

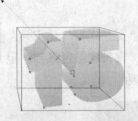

图7-106　制作立体效果字　　　　　　图7-107　数字的立体化效果

（7）选取矩形，选择"交互式立体化工具"![图标]，将光标放置到文字上按下鼠标左键并向右上角拖动。释放鼠标后，单击属性栏中的"颜色"按钮![图标]，在弹出的面板中激活"使用递减的颜色填充"按钮![图标]，将"从"颜色设置为（M100，Y100），将"到"颜色设置为（C40，M100，Y100，K20），在属性栏的"深度"![图标43]中输入43，效果如图7-108所示。

（8）选取"周年庆典"文字，选择"交互式立体化工具"![图标]，将光标放置到文字上按下鼠标左键并向右上角拖动。释放鼠标后，单击属性栏中的"颜色"按钮![图标]，在弹出的面板中激活"使用递减的颜色填充"按钮![图标]，将"从"颜色设置为（M100，Y100），将"到"颜色设置为（C40，M100，Y100，K20），在属性栏的"深度"![图标40]中输入40，效果如图7-109所示。

图7-108　矩形的立体效果　　　　　　图7-109　文字的立体化效果

- "深度"![图标20]表示图形的透视深度，数值越大，立体效果越强，不同深度的效果如图7-110所示。

图7-110　不同深度的立体化效果

- "立体化类型"![图标]表示基本立体化的类型，分别选择不同的类型可以出现不同的立体化效果，如图7-111所示。
- 在属性栏的"预设列表"![图标预设]下拉列表中选择预设的立体化效果，如图7-112所示。单击预设下拉列表框后面的按钮![图标]，可以添加或删除预设框中的立体化效果。

图7-111　不同立体化类型的立体效果　　　　图7-112　预设立体化效果

- 选择"交互式立体化工具" ，选中立体化图形，立体化图形上出现控制线，拖动控制线上的滑动条 ▨，可以改变图形立体化的深度，如图7-113所示。拖动控制线上的灭点图标 ✕，可以改变图形立体化的位置，如图7-114所示。在属性栏的"灭点属性" 锁到对象上的灭点 ⌄ 中可以设置灭点的属性。

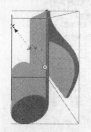

图7-113　拖动滑动条改变深度　　　　　图7-114　拖动灭点改变立体位置

- 设置填充立体化对象的颜色， 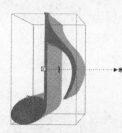 表示使用对象填充， ▨ 表示使用纯色填充， ▨ 表示使用递减的颜色填充，如图7-115所示。三种填充模式的立体化效果如图7-116所示。

图7-115　立体化填充模式

图7-116　三种填充模式的立体化效果

- 单击属性栏中的"斜角修饰边"按钮 ▨，弹出"斜角修饰"设置区，勾选"使用斜角修饰边"复选框，在 ▨ 45.0° ▾ 中设置斜面的倾斜角的角度，在 ⟳ 2.0 mm ▾ 中设置深度，如图7-117所示。勾选"只显示斜角修饰边"复选框，将只显示立体化图形的斜角修饰边，如图7-118所示。

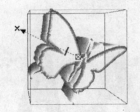

图7-117　斜角修饰效果

图7-118　只显示斜角修饰边

提示　选择"效果"|"立体化"命令，弹出"立体化"泊坞窗，选中"立体化斜角"按钮⬚，也可设置立体修饰斜角，如图7-119所示，设置完毕，单击"应用"按钮，完成立体化图形斜角的修饰。

图7-119　"立体化"泊坞窗

· 单击属性栏中的"照明"按钮⬚，弹出"照明"设置区，如图7-120所示，可以为立体化图形添加不同角度和强度的光照效果。在设置区中单击光源1按钮⬚，在右边的显示框中出现光源1，使用鼠标可以拖动光源1到新位置，在"强度"设置区中拖动滑动条，可以设置光源的强度。使用相同的方法可以同时设置3个光源。勾选"使用全色范围"复选框，可以使照明效果更加绚丽。设置好光源的立体化图形效果如图7-121所示。

图7-120　"照明"设置区

图7-121　光源的立体化效果

· 使用"交互式立体化工具"⬚，选中立体化图形，再次单击立体化图形，立体化图形的周围出现圆形的旋转设置框，如图7-122所示。光标在旋转设置框内变为⬚形状，上下拖动鼠标，可以使立体化图形沿坐标轴Y的方向旋转，如图7-123所示。左右拖动鼠标，可以使立体化图形沿坐标轴X的方向旋转，如图7-124所示。将光标放在旋转设置框外，光标变为⬚，拖动鼠标可以使立体化图形沿坐标轴Z的方向旋转，如图7-125所示。

图7-122 旋转立体化图形

图7-123 沿坐标轴Y方向旋转

图7-124 沿坐标轴X方向旋转

图7-125 沿坐标轴Z方向旋转

- 使用"交互式立体化工具"，选中立体化图形，单击属性栏中的"立体的方向"按钮，弹出旋转设置框，光标在三维旋转设置区内会变为手形，拖动鼠标可以在三维旋转设置区中旋转图形，页面中的立体化图形会相应地旋转，如图7-126所示。单击设置区中的按钮，设置区中出现"旋转值"数值框，可以精确地设置立体化图形的旋转数值，如图7-127所示。单击设置区中的按钮，恢复到设置区的默认设置。

图7-126 "立体化"泊坞窗

图7-127 "立体化"泊坞窗

7.8 交互式透明工具

使用"交互式透明工具"可使对象产生透明效果，整个过程类似于填充选定的对象，但实质上是在对象当前填充上应用了一个灰阶遮罩，而为透明度指定的任何颜色都将丢失。

具体操作是，首先选中要创建效果的对象，然后选择"交互式透明工具"，在对象上单击并拖动，松开鼠标后，即可为图形创建线性透明效果，如图7-128和图7-129所示。

图7-128 原图

图7-129 创建交互式透明效果

创建效果后，属性栏中的各个选项均被激活，如图7-130所示。

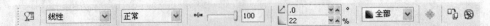

图7-130 交互式透明工具属性栏

在属性栏的"透明类型" 线性 中选择一种透明类型，可以创建出不同的效果，如图7-131～图7-138所示。在"透明中心点" 100 中调节透明度，0为不透明，100为全部透明。单击"冻结"按钮 可以冻结透明度效果，冻结后的对象作为一组独立的对象。在"透明操作" 正常 中选择一种透明样式。

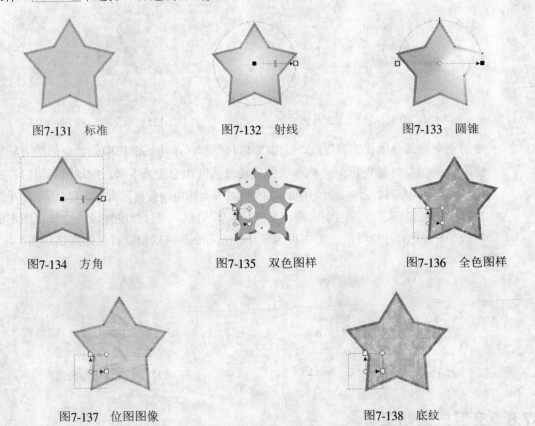

图7-131 标准　　　　　图7-132 射线　　　　　图7-133 圆锥

图7-134 方角　　　　　图7-135 双色图样　　　　图7-136 全色图样

图7-137 位图图像　　　　　　　　图7-138 底纹

 使用"交互式透明工具" 创建对象透明度后，拖动图形上的白色方框，可以改变透明效果的强弱和边界大小。使用鼠标拖动白色方框与黑色方框之间的滑块，可以改变透明效果的应用范围。

7.9 实例：创建立体的文字变化（编辑交互式立体化工具）

在之前的内容中，已经向读者介绍过如何利用"交互式立体化工具" 创建出精美的立体效果。在本小节中，将继续为读者讲解"交互式立体化工具" 的具体使用方法，使读者对该工具的了解和认知更为巩固。

下面将以"创建立体的文字变化"为例，详细讲解文字立体效果的创建方法和编辑技巧，制作完成的"创建立体的文字变化"效果如图7-139所示。

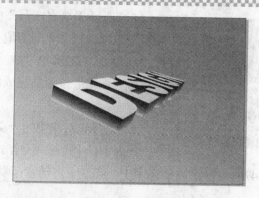

图7-139 完成效果图

（1）执行"文件"｜"新建"命令，新建一个横向文档，然后双击工具箱中的"矩形工具"，自动创建出一个与绘图页面同等大小的矩形。

（2）选择工具箱中的"填充工具"，在弹出的工具展示栏中选择"渐变"选项，打开"渐变填充"对话框，参照图7-140在该对话框中设置参数，单击"确定"按钮后完成填充效果，如图7-141所示。

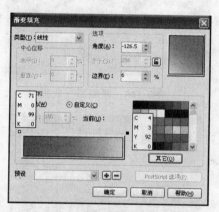

图7-140 "渐变填充"对话框

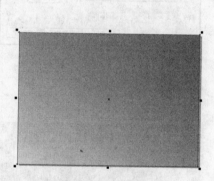

图7-141 渐变填充效果

（3）锁定"图层 1"，新建"图层 2"，选择工具箱中的"文本工具"，参照图7-142在页面中创建'DESIGN'英文字样，并调整文字的位置到页面中心。

（4）使用"选择工具"选中文字，选择"效果"｜"添加透视"命令，使文字对象进入透视编辑状态，如图7-143所示。

图7-142 创建'DESIGN'英文字样

图7-143 进入透视编辑状态

（5）使用"形状工具"拖动四个角的控制柄，改变文字的透视角度，如图7-144所示效果。

图7-144　改变文字的透视角度

（6）选择"填充工具"，在弹出的列表中选择"渐变"选项，打开"渐变填充"对话框，参照图7-145设置由浅绿色（C28，Y97）到白色的自定义线性渐变色，单击"确定"按钮后完成渐变填充，效果如图7-146所示。

（7）选择工具箱中的"交互式调和工具"，在弹出的工具展示栏中选择"交互式立体化工具"，此时，光标发生变化，如图7-147所示，然后从文字中心向左下方随意拖动一定角度，为文字添加立体效果，如图7-148所示。

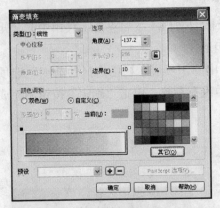

图7-145　【渐变填充】对话框

图7-146　渐变填充效果

图7-147　观察光标变化

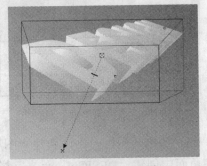

图7-148　创建初步的立体效果

（8）单击"交互式立体化工具"属性栏中的"立体的方向"按钮，弹出如图7-149所示的面板，单击面板右下角的按钮，将转换为"旋转值"面板，参照图7-150在其中设置参数。

图7-149　"立体的方向"面板

图7-150　设置旋转值

（9）单击"旋转值"面板右下角的按钮，返回到原来的"立体的方向"面板，如图7-151所示，设置完毕后的立体效果如图7-152所示。

图7-151 面板中的效果变化

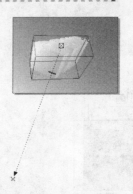

图7-152 立体效果

（10）参照图7-153在"交互式立体化工具"属性栏中设置"深度"参数，对字体的立体化效果进行修改。

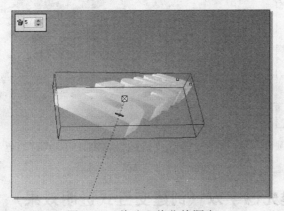

图7-153 修改立体化的深度

（11）单击"交互式立体化工具"属性栏中的"颜色"按钮，弹出图7-154所示的面板，单击"使用递减的颜色"按钮，面板中的内容将发生转变，如图7-155所示。

图7-154 "颜色"面板

图7-155 使用递减的颜色

（12）单击上方色块右侧的下拉箭头，显示出色板，如图7-156所示，然后单击"其他"按钮，弹出"选择颜色"对话框，参照图7-157在其中设置颜色。

（13）单击"确定"按钮，完成设置，然后以相同操作设置下方色块的颜色（C14，Y78），如图7-158所示，调整后的立体效果如图7-159所示。

（14）最后对文字的立体效果进行整体上大小及位置的调整，完成实例的制作。

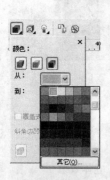

图7-156　显示色板

图7-157　"选择颜色"对话框

图7-158　设置颜色

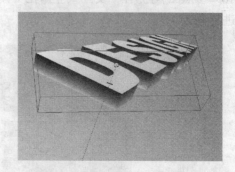

图7-159　调整颜色后的立体效果

7.10　实例：创建光感字效（创建交互式透明效果）

读者在前面的内容中已经了解到，使用"交互式透明工具"可以为对象添加透明效果，而透明效果的使用在平面设计中是比较常用的。在本节中，将以具体的例子对"交互式透明工具"进行更为具体的讲解。

下面将以"创建光感字效"为例，详细讲解"交互式透明工具"是如何使用的，制作完成的效果如图7-160所示。

（1）选择"文件"|"新建"命令，新建一个横向文档，然后双击工具箱中的"矩形工具"，自动创建一个与页面大小相同的矩形，填充深蓝色（C96，M72，Y42，K10），如图7-161所示。

图7-160　完成效果图

图7-161　绘制矩形

（2）双击工具箱中的"矩形工具"▣，再次创建一个与页面同等大小的矩形。

（3）使用"矩形工具"▣在页面中绘制矩形，在属性栏的"对象大小"参数栏中输入297mm和10mm，按Enter键确认，然后为矩形填充蓝色（C93，M40，Y1），并取消轮廓线的填充，如图7-162所示。

（4）选择新创建的两个矩形，选择"排列"|"对齐和分布"|"顶端对齐"命令，调整矩形的位置，如图7-163所示。

图7-162 绘制矩形

图7-163 调整矩形的位置

（5）选择页面中的小矩形，选择"窗口"|"泊坞窗"|"变换"|"位置"命令，打开"变换"泊坞窗，参照图7-164设置"垂直"选项参数，然后单击"应用到再制"按钮16次，得到16个矩形的副本图形，如图7-165所示。

图7-164 "变换"泊坞窗

图7-165 复制矩形

（6）选择所有蓝色矩形，选择"效果"|"图框精确剪裁"|"放置在容器中"命令，单击依照绘图页面尺寸绘制的无色矩形，完成图框精确剪裁，然后锁定"图层 1"，新建"图层 2"，选择工具箱中的"文本工具"，在页面中输入"LOVE"字样，如图7-166所示。

（7）选择工具箱中的"椭圆形工具"◎，在页面中绘制椭圆形，填充白色并取消轮廓线的颜色填充，然后使用"选择工具"调整椭圆形位置，如图7-167所示。

图7-166 创建文字

图7-167 绘制椭圆形

（8）选择创建的文本，按快捷键Ctrl+Q将文本转换为曲线图形，选择"形状工具" ，这时图形边框呈虚线显示，如图7-168所示，然后在"L"字样左下角椭圆形与文字图形的交叉点上双击添加节点，如图7-169所示。

图7-168　文字边缘呈虚线显示　　　　　　　　　　图7-169　添加节点

（9）选择"L"字样左下角的节点，然后按Delete键进行删除，如图7-170和图7-171所示。

图7-170　选中节点　　　　　　　　　　　　　　图7-171　删除节点

（10）使用相同的方法调整"E"字样图形的左上角和左下角的节点（在此为方便读者查看，将添加的节点全部选中），以修饰图形，如图7-172和图7-173所示。

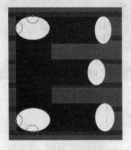

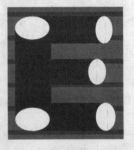

图7-172　添加节点　　　　　　　　　　　　　　图7-173　删除节点

（11）选择页面中的文字图形和绘制的椭圆形，单击属性栏中的"焊接"按钮 ，将选择的图形焊接在一起，如图7-174所示。

（12）选择工具箱中的"交互式阴影工具" ，在页面中单击并拖动鼠标，以添加阴影效果，如图7-175所示。

（13）在属性栏中单击"阴影羽化方向"按钮 ，弹出"羽化方向"面板，在其中选择"向外"按钮 ，调整阴影的羽化方向，如图7-176和图7-177所示。

（14）参照图7-178在属性栏中继续设置"阴影羽化"参数，设置完毕后，得到如图7-179所示的效果。

图7-174　焊接图形

图7-175　创建交互式阴影效果

图7-176　"羽化方向"面板

图7-177　调整羽化方向后的效果

图7-178　交互式阴影工具属性栏

（15）选择文字图形，按Ctrl+C快捷键复制并按Ctrl+V快捷键粘贴图形，然后选择工具箱中的"填充工具" ，在弹出的工具展示栏中选择"渐变"选项，通过在"渐变填充"对话框中的设置，为复制的图形添加渐变填充效果，如图7-180和图7-181所示。

图7-179　调整阴影羽化后的效果

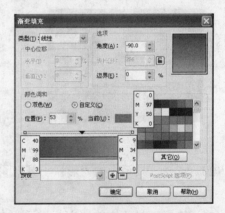

图7-180　"渐变填充"对话框

（16）按下数字键盘上的"+"键，复制文字图形，使用"矩形工具" 在绘图页面中绘制矩形，如图7-182所示，然后选择矩形和复制的图形，选择"排列"|"造形"|"后剪前"命令，修剪图形，并为修剪后的图形填充白色，如图7-183所示效果。

（17）选择工具箱中的"形状工具" ，参照图7-184对白色部分文字图形的外观进行调整。

图7-181　渐变填充效果

图7-182 绘制矩形

图7-183 修剪图形

（18）选择工具箱中的"交互式透明工具" 🔲，在页面中单击并拖动鼠标，为图形添加交互式透明效果，并通过拖动中间滑杆调整透明程度，效果如图7-185所示。

图7-184 调整图形

图7-185 为图形添加透明效果

（19）再次复制整体的文字图形，使用"矩形工具" 🔲在绘图页面中绘制矩形，如图7-186所示，然后选择矩形和复制的图形，选择"排列"|"造形"|"后剪前"命令，修剪图形，并为修剪后的图形填充黄色，效果如图7-187所示。

图7-186 绘制矩形

图7-187 修剪图形

（20）选择工具箱中的"形状工具" 🔲，参照图7-188对白色部分文字图形的外观进行调整。

（21）选择工具箱中的"交互式透明工具" 🔲，在页面中单击并拖动鼠标，为图形添加交互式透明效果，并通过拖动中间滑杆调整透明程度，效果如图7-189所示。

图7-188 调整图形外观

图7-189 为修剪后的图形添加透明效果

7.11　实例：趣味的字体设计（创建交互式调和效果）

读者在前面的内容中已经了解到，使用"交互式调和工具"⬚可以为对象添加颜色之间的调和效果，下面将以"趣味的字体设计"为例，进一步讲解"交互式调和工具"⬚的使用方法，制作完成的效果如图7-190所示。

图7-190　完成效果图

（1）选择"文件"|"新建"命令，在属性栏中单击"横向"按钮⬚，新建横向文档，双击工具箱中的"矩形工具"⬚，绘制出与绘图页面同等大小的一个矩形，单击"填充工具"⬚，在其下拉列表中选择"底纹"选项，打开"底纹填充"对话框，参照图7-191设置各项参数，单击"确定"按钮后完成填充效果，如图7-192所示。

图7-191　"底纹填充"对话框

图7-192　底纹填充效果

（2）选择工具箱中的"交互式调和工具"⬚，在弹出的工具列表中选择"交互式透明工具"⬚，参照图7-193对所绘制的矩形进行操作。

（3）再次双击工具箱中的"矩形工具"，绘制出与绘图页面同等大小的矩形，单击工具箱中的"填充工具"⬚，在其下拉列表中选择"颜色"选项，打开"均匀填充"对话框，在"模型"选项卡的颜色下拉列表中将颜色模式改为"RGB"，将颜色设置为冰蓝色（C40），单击"确定"按钮填充矩形，如图7-194所示效果。

（4）新建"图层2"，选择工具箱中的"手绘工具"⬚，绘制本例设计主体英文"CAT"的部分轮廓，在属性栏中设置"轮廓宽度"参数为0.2毫米，轮廓色为黑色，效果如图7-195所示。

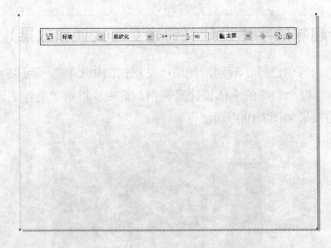

图7-193　添加交互式透明效果

图7-194　绘制矩形并填充颜色

图7-195　绘制对象的部分轮廓

（5）使用"手绘工具" 🖉完成字母轮廓的绘制，使用"选择工具" ▯将画面中间的字母"A"的两部分曲线选中，然后选择"排列"|"造形"|"后剪前"命令，使字母"A"的中间镂空，效果如图7-196所示。

（6）使用"选择工具" ▯选择三个字母图形，设置颜色为橘红色（M87，Y96），然后取消轮廓线的填充，效果如图7-197所示。

图7-196　完成对象轮廓的创建

图7-197　为字母图形填充颜色

（7）使用"手绘工具" 🖉继续绘制图形，然后使用"形状工具" 🖣对图形进行调整，填充颜色为橙色（C1，M27，Y78），并取消轮廓线的填充，如图7-198所示效果。

（8）使用"手绘工具" 🖉继续绘制图形，并进行调整，然后设置所绘制图形的填充颜色为黄色（Y100），并取消轮廓线的填充，效果如图7-199所示。

（9）选择工具箱中的"交互式调和工具" 🖳，单击字母"C"中的橘红色对象将其水平拖动至橙色对象，为两对象添加效互式调和效果，再单击调和好的部分将其水平拖动至黄色对象，至此对三个对象的调和完成，如图7-200和图7-201所示。

图7-198 继续绘制图形

图7-199 完成基本图形绘制

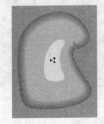

图7-200 调和过程

图7-201 调和结果

（10）使用"交互式调和工具"🖼️参照步骤（9）中的方法为剩余两字母添加交互式调和效果，如图7-202所示。

（11）使用"手绘工具"🖼️绘制字母高光，填充颜色为白色，并取消轮廓线的填充，效果如图7-203所示。

图7-202 为其他对象添加交互式调和效果

图7-203 绘制高光基本形

（12）选择"交互式透明工具"🖼️，在属性栏中将"透明度类型"设置为"线性"，参照图7-204设置"渐变透明角度和边界"参数，其他参数不变，对所绘制对象进行操作。

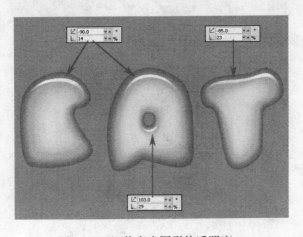

图7-204 调整高光图形的透明度

（13）使用"手绘工具" 🖊 绘制与字母相同的图形并将原图形覆盖，参照图7-205在"底纹填充"对话框中为图形填充图案，并取消轮廓线的填充，效果如图7-206所示。

图7-205　"底纹填充"对话框

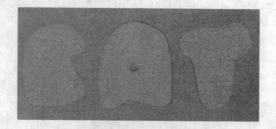

图7-206　底纹填充效果

（14）选择工具箱中的"交互式透明工具" 🖌，参照图7-207的参数对所绘制对象进行操作，群组图形后，选择"排列" |"锁定对象"命令将其锁定，完成本实例的制作。

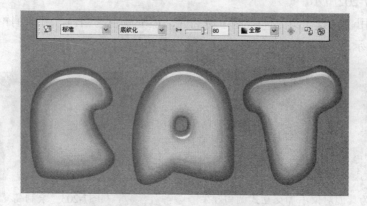

图7-207　添加交互式透明效果

课后练习

1. 为动物图形添加投影，效果如图7-208所示。

图7-208　效果图

要求：

①创建背景，使用"贝塞尔工具"绘制狮子图形。

②使用"交互式阴影工具"为狮子图形添加投影效果。

2. 设计制作简易贺卡，效果如图7-209所示。

图7-209 效果图

要求：

①创建背景，填充图样。

②使用"椭圆形工具"创建主体图形菊花。

③使用"交互式透明工具"为菊花图形添加透明效果。

④使用"文本工具"创建文字，使用"贝塞尔工具"绘制直线段并设置线型。

第8课

图形和图像处理

本课知识结构

　　用户利用CorelDRAW X4 "效果"菜单下的"调整"、"透镜"、"添加透视"、"图框精确剪裁"命令可以处理和编辑图形或图像。CorelDRAW X4还提供了强大的位图编辑功能。本章将学习如何应用CorelDRAW X4的强大功能来处理和编辑图形、图像。

就业达标要求

☆ 掌握如何创建与编辑透视效果　　　　☆ 掌握如何调整图形和图像的色调
☆ 掌握图框精确剪裁的方法　　　　　　☆ 掌握如何处理位图
☆ 掌握如何使用透镜创建各种效果　　　☆ 掌握滤镜的使用方法

8.1　实例：信封设计（透视效果）

图8-1　完成效果图

　　透视变形效果可以使对象的外观随着视野的变化而变化，从而产生距离感，在平面页面上产生三维效果。在CorelDRAW X4中应用"效果" | "添加透视"命令，可以对图形进行透视变形。

　　下面将以"信封设计"为例，详细讲解透视效果的创建方法和编辑技巧，制作完成的"信封设计"效果如图8-1所示。

　　（1）选择"文件" | "新建"命令，新建一个横向文档。选择工具箱中的"矩形工具" □，参照图8-2绘制一个矩形，填充绿色（C100，Y100），并取消轮廓线的填充。

　　（2）选择绘制的矩形，拖动矩形的同时右击鼠标，释放鼠标后，将该图形复制。使用相同的方法，继续复制矩形为多个副本，如图8-3所示。

图8-2　绘制矩形

图8-3　复制矩形

（3）将复制的多个矩形选中，单击属性栏中的"对齐和分布"按钮，打开"对齐与分布"对话框，参照图8-4在"对齐与分布"对话框中进行设置，单击"应用"按钮，对齐对象，效果如图8-5所示。

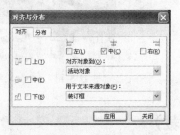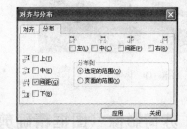

图8-4 "对齐与分布"对话框

（4）保持矩形图形的选中状态，单击属性栏中的"焊接"按钮，将矩形焊接在一起，如图8-6所示。

图8-5 对齐对象   图8-6 焊接图形

（5）选择"效果"|"添加透视"命令，这时图形呈编辑状态，如图8-7所示。

（6）当移动鼠标到节点位置时，鼠标变为状态，这时在视图中单击并拖动鼠标，即可编辑图形透视效果，如图8-8所示。

图8-7 编辑图形   图8-8 编辑透视效果

（7）选择工具箱中的"矩形工具"，参照图8-9在视图所示位置绘制矩形。

（8）选中刚刚绘制的矩形和透视图形，单击属性栏中的"前减后"按钮，修剪图形，填充绿色（C100，Y100），取消轮廓线的填充，如图8-10所示。

图8-9 绘制矩形

（9）最后使用工具箱中的"文本工具"在视图中输入文本"阳光能源"，完成本实例的操作，效果如图8-11所示。

图8-10　修剪图形

图8-11　输入文本

8.2　实例：苏荷影像（图框精确剪裁）

将图形或图像置于指定的图形或文字中，使其产生蒙版效果，这一操作被称为图框精确剪裁，该操作有点类似人们通过照相机的取景框看景物，创建图框精确裁剪操作时，需要两个对象，一个作为容器，必须是封闭的曲线对象，另一个作为内置的对象。

下面将以"苏荷影像"为例，详细讲解图框精确剪裁是如何使用的，制作完成的效果如图8-12所示。

（1）选择"文件"|"新建"命令，新建一个横向文档。双击工具箱中的"矩形工具" ▢，自动创建一个与页面大小相同的矩形，填充洋红色（M100），如图8-13所示。

图8-12　完成效果图

图8-13　绘制矩形

（2）选择"排列"|"锁定对象"命令，将矩形锁定，以方便接下来的绘制，如图8-14所示。

（3）选择工具箱中的"文本工具" ⟨字⟩，参照图中8-15在视图中输入文本"SOHO"。

图8-14　锁定对象

图8-15　输入文本

（4）按下数字键盘上的"+"键将文本"SOHO"复制。单击工具箱中的"轮廓工具"，在弹出的工具展示栏中选择"画笔"，打开"轮廓笔"对话框，参照图8-16设置对话框参数，为复制的文本设置描边效果，如图8-17所示。

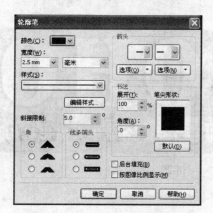

图8-16 "轮廓笔"对话框

图8-17 设置描边效果

（5）参照图8-18，调整描边文本"SOHO"到原文本下方偏右位置，得到投影效果。

（6）选择"文件"|"导入"命令，打开"导入"对话框，选择"配套资料\Chapter-08\素材\纹样.jpg"文件，如图8-19所示。

图8-19 "导入"对话框

图8-18 调整文本位置

（7）单击"导入"对话框中的"导入"按钮，关闭对话框。这时在视图中单击，将导入的素材图像放入视图中，如图8-20所示。

（8）选择"效果"|"图框精确剪裁"|"放置在容器中"命令，这时鼠标为➡状态，单击文本"SOHO"，创建图框精确剪裁效果，如图8-21所示。

图8-20 导入素材图像

（9）选择工具箱中的"文本工具"🈨，在视图中输入相关装饰文本。然后使用"矩形工具"🔲在文本"全球华人摄影机构"下方绘制黑色衬底效果，如图8-22所示，完成本实例的操作。

图8-21　创建图框精确剪裁

图8-22　绘制黑色衬底

8.3　透镜效果

透镜效果是指对象模拟相机镜头创建的特殊效果，可以通过透镜来改变对象的外观。CorelDRAW X4提供了多种透镜，每一种透镜产生不同的效果。

选取图形，选择"效果"|"透镜"命令，就会弹出"透镜"泊坞窗，在该泊坞窗的"透镜类型"下拉列表中选择需要的透镜，再进行参数设置，就可以制作出丰富的透镜效果，如图8-23～图8-25所示。

图8-23　选择图形　　　　图8-24　"透镜"泊坞窗　　　　图8-25　应用透镜的效果

选择不同的透镜，会产生不同的效果，下面对透镜的种类进行介绍。

- "使明亮"透镜：控制对象在透镜范围内的亮度，同时丧失所有的颜色填充。
- "颜色添加"透镜：模拟附加的光线模型，在创建"颜色添加"透镜时透镜下面的对象颜色被添加到透镜的颜色中，就像混合光线的颜色一样。"比率"为0%表示无颜色添加且透镜呈现无色，100%表示颜色添加的最大值。
- "色彩限度"透镜：只允许黑色和透镜本身的颜色透过，透镜下面对象中的白色和其他浅色被转换成透镜颜色。在"比率"参数栏中输入0～100之间的数值，表示滤镜的浓度。
- "自定义彩色图"透镜：将透镜下的所有颜色设定为所选的任意两种颜色之间的颜色，除了定义该范围的起始和结束颜色外，还要选择两种颜色之间的渐进过程。在一般情况下，透镜使用两种颜色之间的直线路径。

- "鱼眼"透镜：使透镜后的对象变大或缩小，这取决于"比率"的百分比值。正比率的透镜通过设定将对象变形并放大，负比率的透镜将对象变形并缩小，比率为零表示不改变对象。

- "热图"透镜：创建红外图像的效果，该透镜使用红、橙、黄、绿、白、青、紫七色限定的调色板，显示透镜下面对象的"冷暖度"等级。根据"调色板框"中的值，可以控制哪些颜色是"暖色"，哪些颜色是"冷色"。在透镜下，暖色显示为红色或橙色，冷色显示为紫色或青色。

- "反显"透镜：将透镜颜色与透镜下面的对象相比，没有交叉的部分呈黑灰色显示，交叉部分的颜色用对象的互补来代替，互补色就是在色盘的相对颜色。

- "放大"透镜：效果类似放大镜产生的效果。"放大"透镜覆盖原始对象的填充，使它变为透明，透镜下的对象被按照数量框中指定的数值放大，放大倍数范围在0.1～100之间。

- "灰度浓淡"透镜：将透镜下面的颜色改变成等值的灰度，对象中的所有其他颜色变成为比透镜颜色更浅的色调。

- "透明度"透镜：让对象呈现出透着玻璃看到的效果，可以为对象添加任意颜色的透镜。透明度的比率值越大，对象变得越透明，当透镜的比率达到100%时，透镜的填充消失。

- "线框"透镜：以所选对象的填充颜色来显示，在透过透镜查看时，无填充的对象保持不变，如果不让透镜影响对象的轮廓和填充，可以禁用相应的复选框。

8.4 实例：制作时尚纹样（图形、图像的色调调整）

在CorelDRAW X4中可以对图形、图像进行色调调整，控制绘图中对象的阴影、色彩平衡、颜色的亮度、深度和浅度之间的关系等，恢复阴影或高光中的缺失以及校正曝光不足或曝光过度现象，从而提高了图形、图像的质量。

下面将以"制作时尚纹样"为例，详细讲解图形、图像色调调整的操作方法，完成效果如图8-26所示。

1. 色度/饱和度/亮度

（1）选择"文件" | "新建"命令，新建一个横向文档，双击工具箱中的"矩形工具" □ ，自动创建一个与页面大小相同的矩形，填充黄色（Y100），并调整该图形与页面中心对齐，如图8-27所示。

图8-26 完成效果图

图8-27 创建矩形

（2）按下数字键盘上的"+"将刚刚绘制的黄色矩形复制。单击工具箱中的"填充工具" ，在弹出的工具展示栏中选择"PostScript"，打开"PostScript底纹"对话框，参照图8-28在对话框中进行设置，单击"确定"按钮，关闭对话框，得到如图8-29所示效果。

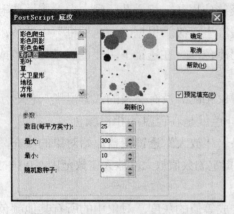

图8-28　"PostScript底纹"对话框

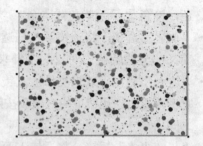

图8-29　添加图案填充

（3）保持图形的选择状态，选择工具箱中的"交互式透明工具" ，在属性栏中设置"开始透明度"参数为70%，如图8-30所示。

（4）选择"文件" | "打开"命令，打开"配套资料\Chapter-08\装饰图形.cdr"文件，然后复制装饰图形到正在编辑的文本中，调整图形大小与位置，如图8-31所示。

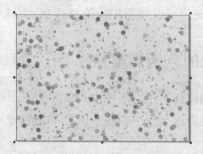

图8-30　设置透明效果

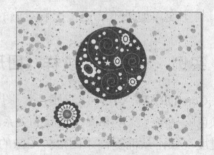

图8-31　添加素材图形

（5）参照图8-32将红色装饰图形复制，并调整图形大小与位置。

（6）选择"效果" | "调整" | "色度/饱和度/亮度"命令，打开"色度/饱和度/亮度"对话框，参照图8-33在"色度/饱和度/亮度"对话框中进行设置，调整图形颜色，效果如图8-34所示。

图8-32　复制图形

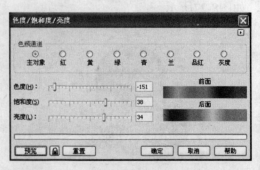

图8-33　"色度/饱和度/亮度"对话框

（7）按下数字键盘上的"+"继续复制红色装饰图形。

（8）保持图形的选择状态，选择"效果"|"调整"|"色度/饱和度/亮度"命令，打开"色度/饱和度/亮度"对话框，参照图8-35在"色度/饱和度/亮度"对话框中进行设置，调整图形颜色，效果如图8-36所示。

（9）使用与以上相同的方法，继续复制红色装饰图形，分别调整图形颜色、大小与位置，如图8-37所示。

图8-34 调整图形颜色

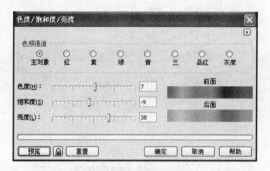

图8-35 "色度/饱和度/亮度"对话框

图8-36 调整图形颜色

2. 亮度/对比度/强度

（1）参照图8-38，将视图中的绿色装饰图形选中。

图8-37 调整图形

图8-38 选择图形

（2）选择"效果"|"调整"|"亮度/对比度/强度"命令，打开"亮度/对比度/强度"对话框，参照图8-39在对话框中设置参数，调整图形亮度对比度效果，如图8-40所示。

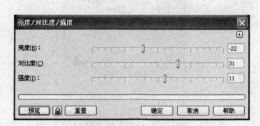

图8-39 "亮度/对比度/强度"对话框

图8-40 调整图形亮度对比度

8.5　实例：海报设计（位图处理）

虽然CorelDRAW X4以编辑矢量图形为主，但也具有很强的位图处理功能，可以使普通的素材，通过简单的处理，得到意想不到的精美效果。此外，也可以将矢量图形转换为位图图像，然后再添加各种效果。

下面将以"海报设计"为例，为大家讲解处理位图的具体操作方法，完成效果如图8-41所示。

1. 亮度/对比度/强度

（1）选择"文件" | "新建"命令，创建一个宽度为216mm、高度为303mm的新文档。双击工具箱中的"矩形工具" ▢，自动创建一个与页面相同大小的矩形，填充粉色（C1、M50、Y28），如图8-42所示。

图8-41　完成效果图

图8-42　绘制矩形

（2）参照图8-43，为视图添加3mm参考线，其中，在属性栏中可以精确设置参考线的位置。

（3）选择"文件" | "导入"命令，打开"导入"对话框，选择"配套资料\Chapter-08\插画01.jpg"文件，单击"导入"按钮，关闭对话框。这时在视图中单击将位图图像导入在文档中，参照图8-44调整图像位置。

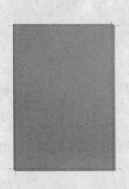

图8-43　添加参考线

图8-44　导入素材图像

（4）选择"位图"|"描摹位图"|"高质量图像"命令，打开"PowerTRACE"对话框，参照图8-45在对话框中设置参数，单击"确定"按钮将位图图像转换为矢量图形。

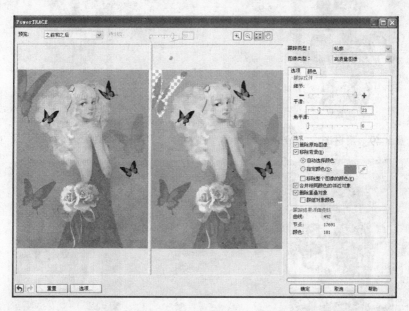

图8-45 将位图转换为矢量图形

（5）按下数字键盘上的"+"将描摹后的矢量图形复制，如图8-46所示。

（6）选择"效果"|"调整"|"亮度/对式度/强度"命令，打开"亮度/对比度/强度"对话框，参照图8-47设置对话框中的参数，单击"确定"按钮，关闭对话框，调整图形颜色，效果如图8-48所示。

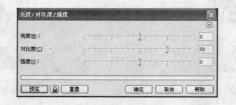

图8-46 复制图形　　　　图8-47 "亮度/对比度/强度"对话框　　　　图8-48 调整图形颜色

2. 亮度/对比度/强度

（1）选择"文件"|"导入"命令，导入"配套资料\Chapter-08\插画02.jpg、插画03.jpg"文件，如图8-49和图8-50所示。

（2）选中"插画02.jpg"素材图像，然后使用工具箱中的"形状工具"将图像的四个节点选中，如图8-51所示。

（3）这时单击属性栏中的"转换直线为曲线"按钮，将直线转换曲线。同样在属性栏中单击"平滑节点"按钮，平滑节点的效果如图8-52所示。

图8-49　素材图像（1）

图8-50　导入素材图像（2）

图8-51　将图像中的节点选中

图8-52　平滑节点

（4）选择工具箱中的"形状工具" 🖫，在曲线上双击，即可添加节点，如图8-53所示。

（5）参照图8-54，使用工具箱中"形状工具" 🖫调整节点位置，得到女孩图像初步的轮廓形状。

图8-53　添加节点

图8-54　调整节点位置

图8-55　隐藏白色背景

（6）接下来通过相同的方法，利用"形状工具" 🖫调整图像细节位置，将白色背景隐藏，如图8-55所示。

（7）参照图8-56，使用"贝塞尔工具" 🖫分别在视图中围绕白色背景绘制曲线图形。

（8）选择刚刚绘制的曲线图形和素材图像，单击属性栏中的"后剪前"按钮🖫，修剪图像为镂空效果，如图8-57所示。

（9）选择工具箱中的"矩形工具" 🖫，在视图中绘制矩形，如图8-58所示，然后使用工具箱中的"形状工具" 🖫调整矩形直角为圆角，效果如图8-59所示。

图8-56 绘制曲线图形

图8-57 修剪图形

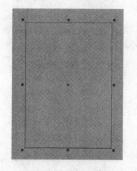

图8-58 绘制矩形

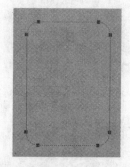

图8-59 调整矩形直角为圆角

（10）参照图8-60，调整圆角矩形的排列顺序和位置，填充黄色（Y100），并取消轮廓线的填充。

（11）使用工具箱中的"矩形工具"□继续在视图中绘制粉红色（M100）矩形，如图8-61所示。

图8-60 设置图形颜色

图8-61 绘制矩形

（12）选择绘制的粉红色矩形和素材图像，选择"效果"|"图框精确剪裁"|"放置在容器中"命令，这时单击黄色圆角矩形，得到如图8-62所示效果。

（13）选择"效果"|"图框精确剪裁"|"编辑内容"命令，进入编辑状态，调整其位置，如图8-63所示。

（14）完成编辑后，在图像上右击，在弹出的快捷菜单中选择"结束编辑"命令，得到如图8-64所示的效果。

（15）使用以上方法，继续对素材图像"插画03.jpg"进行编辑，如图8-65所示。

图8-62　图框精确剪裁

图8-63　编辑内容

图8-64　结束编辑

图8-65　编辑图像

（16）参照图8-66调整素材图像的位置与大小，然后在视图底部绘制黑色（K90）矩形。

（17）选择工具箱中的"文本工具" ，在视图中输入文本"90天成为插画高手"。双击状态栏中的"轮廓色"，打开"轮廓笔"对话框，参照图8-67在对话框中设置参数，单击"确定"按钮完成设置，得到如图8-68所示的效果。

图8-66　绘制矩形

图8-67　"轮廓笔"对话框

（18）按下数字键盘上的"+"复制文本"90天成为插画高手"，为文本填充蓝色（C100），取消轮廓线的填充，调整文本位置，如图8-69所示。

（19）继续复制文本"90天成为插画高手"，填充黄色（Y100），参照图8-70所示调整文本位置。

（20）使用相同的方法，利用工具箱中的"文本工具" 在视图中输入相关文字信息，如图8-71所示。

图8-68 应用轮廓效果

图8-69 复制文本

图8-70 调整文本

图8-71 添加文字信息

8.6 实例：大风车（使用滤镜）

　　CorelDRAW X4为用户提供了多种滤镜，主要包括三维效果、艺术笔触、模糊、相机、颜色转换、轮廓图等。利用这些滤镜，可以对位图进行各种效果的处理，为设计的作品增光添彩。

　　下面将以"大风车"为例，为大家讲解CorelDRAW X4中部分滤镜的具体使用方法，完成效果如图8-72所示。

图8-72 完成效果图

1. 卷页效果

　　（1）选择"文件"|"新建"命令，新建一个横向文档，双击工具箱中的"矩形工具" 🔲，自动创建一个与页面大小相同的矩形。

　　（2）单击工具箱中的"填充工具" 🎨，在弹出的工具展示栏中选择"图样"，打开"图样填充"对话框，参照图8-73在"图样填充"对话框中设置参数，单击"确定"按钮，为图形添加图案填充效果，如图8-74所示。

　　（3）选择"文件"|"打开"命令，打开"配套资料\Chapter-08\风景.cdr"文件，然后复制素材图形到正在编辑的文档中，按P键，调整图形居中对齐，如图8-75所示。

图8-73　"图样填充"对话框

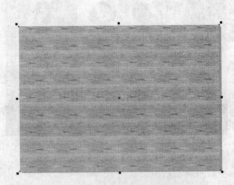

图8-74　添加位图图案

图8-75　添加素材图形

（4）保持图形处于选择状态，选择"位图"｜"转换为位图"命令，打开"转换为位图"对话框，参照图8-76设置对话框参数，单击"确定"按钮，将素材图形转换为位图，如图8-77所示。

（5）选择"位图"｜"三维效果"｜"卷页"命令，打开"卷页"对话框，参照图8-78，在"卷页"对话框中设置参数，单击"确定"按钮，得到如图8-79所示的卷页效果。

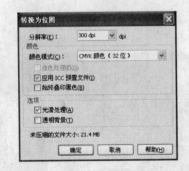

图8-76　"转换为位图"对话框

图8-77　转换为位图

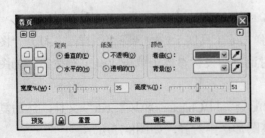

图8-78　"卷页"对话框

图8-79　添加卷页效果

（6）参照图8-80，选择工具箱中的"形状工具" ，调整节点位置，将视图中的白色背景隐藏。

2. 高斯模糊效果

（1）选择位图图像，选择"效果"|"创建边界"命令，依照图像边缘创建图形，为其填充黑色（**K100**），如图8-81所示。

（2）保持黑色图形的选择状态，选择"位图"|"转换为位图"命令，打开"转换为位图"对话框，参照图8-82，将图形转换为位图，效果如图8-83所示。

图8-80　隐藏白色背景

图8-81　创建边界

图8-82　"转换为位图"对话框

（3）选择"位图"|"模糊"|"高斯式模糊"命令，打开"高斯式模糊"对话框，设置"半径"参数为20像素，单击"确定"按钮完成设置，如图8-84和图8-85所示。

图8-83　将图形转换为位图

图8-84　"高斯式模糊"对话框

（4）选择"排列"|"顺序"|"向后一层"命令，调整图像排列顺序，得到如图8-86所示效果。

图8-85　添加模糊效果

图8-86　调整图像排列顺序

8.7　实例：民俗网站的界面设计（编辑位图）

利用滤镜和效果可以创建出非常丰富的效果，下面将以"民俗网站的界面设计"为例，讲解具体如何使用滤镜，制作完成的效果如图8-87所示。

（1）选择"文件"｜"新建"命令，新建一个绘图文档。单击工具栏中的"选项"按钮，打开"选项"对话框，设置参数如图8-88所示，单击"确定"按钮完成该命令。

图8-87　完成效果图

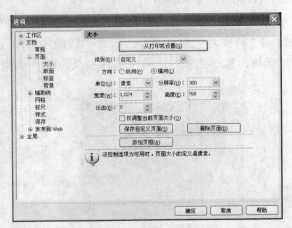

图8-88　"选项"对话框

（2）双击工具箱中的"矩形工具"，自动依照绘图页面尺寸创建矩形，使用"填充工具"为矩形填充深灰色（C76，M65，Y65，K32），如图8-89所示。

（3）使用"矩形工具"在绘图页面中绘制矩形，在属性栏的"对象大小"参数栏中输入773mm、768mm，按回车键确认，为矩形填充深红色（C34，M98，Y97，K2），并取消轮廓线的填充，然后选择页面中两个矩形，选择"排列"｜"对齐和分布"｜"垂直居中分布"命令，如图8-90所示。

图8-89　依照绘图页面创建矩形

图8-90　绘制矩形

（4）使用"矩形工具"绘制矩形，在属性栏的"对象大小"参数栏中输入760mm、800mm，按回车键确认，填充黑色，并取消轮廓线的填充，然后调整矩形水平居中，选择"位图"｜"转换为位图"命令，打开"转换为位图"对话框，设置参数如图8-91所示，单击"确定"按钮完成转换，效果如图8-92所示。

（5）选择位图图像，选择"位图"｜"模糊"｜"高斯式模糊"命令，打开"高斯式模糊"对话框，设置"半径"参数为5像素，单击"确认"按钮完成设置，如图8-93和图8-94所示。

图8-91　"转换为位图"对话框

图8-92　将矩形转换为位图

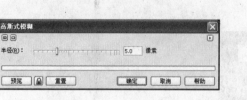

图8-93　"高斯式模糊"对话框

图8-94　为矩形添加高斯式模糊效果

（6）选择依照绘图页面尺寸创建的矩形，按下数字键盘上的"+"键，复制该矩形，取消颜色填充，并在"对象管理器"中调整矩形位置到位图的下面，选择位图图像，选择"效果"|"图框精确剪裁"|"放置在容器中"命令，单击矩形完成图框精确剪裁，如图8-95所示。

（7）使用"矩形工具"▣在绘图页面中绘制矩形，在属性栏的"对象大小"参数栏中输入734mm、768mm，按回车键确认，为矩形填充深红色（C34，M98，Y97，K2），并取消轮廓线的填充，然后调整矩形到页面图形水平居中位置，如图8-96所示。

图8-95　图框精确剪裁

图8-96　绘制矩形

（8）使用"矩形工具"▣绘制两个不同大小的矩形，分别为矩形填充土黄色（C28，M43，Y75）和橘黄色（M80，Y96），然后参照图8-97调整图形的位置。

（9）选择填充橘黄色的矩形，按下数字键盘上的"+"键，复制该图形，并使用"填充工具"▣为矩形填充图样，打开"图样填充"对话框，单击选择"位图"单选按钮，在图样的下拉列表中选择类似木质图样，并设置"宽度"参数为200px，"高度"参数为200px，单击"确认"完成图样填充，如图8-98所示。

（10）选择图样填充的矩形，选择工具箱中的"交互式透明工具"▣，为图形添加交互式透明效果，如图8-99所示。

图8-97　为矩形填充颜色　　　　　　　　　图8-98　图样填充

（11）使用"矩形工具" 绘制矩形，然后为矩形填充褐色（C37，M58，Y84，K1），并取消轮廓线的填充，如图8-100所示。

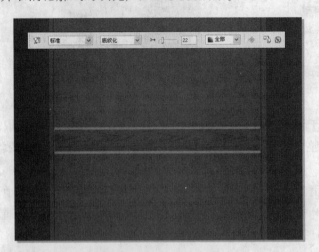

图8-99　添加透明效果　　　　　　　　　　　图8-100　绘制矩形

图8-101　图样填充

（12）选择绘制的矩形，按数字键盘上的"+"键，复制矩形，使用"填充工具" 为矩形填充图样，打开"图样填充"对话框，单击选择"位图"单选按钮，在图样的下拉列表中选择类似草地图样，单击"确认"完成图样填充，如图8-101所示。

（13）选择工具箱的"交互式透明工具" ，为图样填充的矩形添加透明效果，如图8-102所示。

（14）选择"文件"|"导入"命令，导入"配套资料/Chapter-09/佛图片.jpg"文件，按回车键，将导入的图像自动放到页面图形的中心位置，如图8-103所示。

（15）选择工具箱中的"形状工具" ，单击选择佛图片，这时该图像的边框呈虚线显示，调整图像虚线边框上的节点位置，隐藏部分图像，并参照图8-104调整图像的大小。

（16）选择工具箱中的"交互式透明工具" ，为佛图片添加透明效果，如图8-105所示。

（17）选择"文件"|"导入"命令，导入"配套资料/Chapter-09/素材01.jpg"文件，按回车键，将导入的图像自动放到页面图形的中心位置，然后使用"形状工具" 调整图像边

框上的节点位置，如图8-106所示。

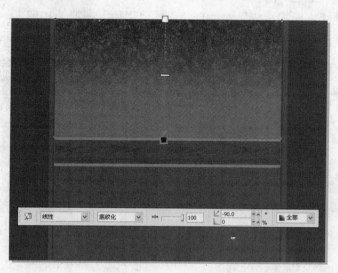

图8-102 添加透明效果

图8-103 导入图像

图8-104 调整图像大小

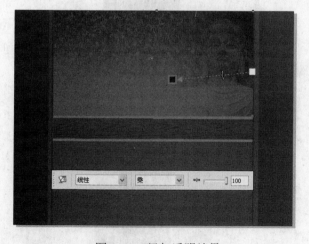

图8-105 添加透明效果

图8-106 调整图像大小

（18）选择上一步添加的素材图像，选择"效果"|"创建边界"命令，自动依照选择的对象边缘创建路径，在右侧调色板上单击黑色色块，为路径填充黑色，并取消轮廓线的填充，如图8-107所示。

（19）选择填充黑色的路径图形，将其转换为位图，并选择"位图"|"模糊"|"高斯式模糊"命令，打开"高斯式模糊"对话框，设置"半径"参数为10像素，单击"确定"完成添加高斯式模糊，然后在"对象管理器"中调整位图的位置到图像的下面，如图8-108所示。

图8-107　创建路径

图8-108　添加高斯式模糊效果

（20）选择"文件"|"导入"命令，导入"配套资料/Chapter-09/素材02.jpg"文件，按回车键，将导入的图像自动放到页面图形的中心位置，使用"形状工具"调整图像边框上的节点位置，并调整图像位置，如图8-109所示。

（21）选择工具箱中的"椭圆形工具"，按住Shift+Ctrl键在页面中绘制正圆，并为正圆填充黑色，如图8-110所示，使用"文本工具"在正圆中心位置输入"道"字样，设置文本颜色为白色，如图8-111所示，然后选择文字和正圆，单击属性栏的"后剪前"按钮，以修剪图形，效果如图8-112所示。

图8-109　调整导入的图像大小

图8-110　绘制正圆形

图8-111　输入文字

图8-112　修剪图形

（22）使用"贝塞尔工具"在绘图页面绘制如图8-113所示的图形，选择绘制的曲线图形，按Shift+G快捷键将图形群组。

（23）选择群组的曲线图形，为图形填充白色，轮廓线颜色也设置为白色，然后按下数字键盘上的"+"键，复制群组图形，并参照图8-114调整图形在页面中的位置。

图8-113　绘制图形

（24）使用工具箱中的"文本工具" 为页面添加文字信息，完成该作品的绘制，如图8-115所示。

图8-114　复制并调整图形

图8-115　添加文字

课后练习

1. 调整图形的色度，如图8-116和图8-117所示。

图8-116　原图

图8-117　效果图

要求：

①绘制苹果图形。

②通过选择"效果" | "调整" | "色度/饱和度/亮度"命令调整图形的色度。

2. 创建薄雾天气效果，如图8-118和图8-119所示。

图8-118　原图

图8-119　效果图

要求：

①准备一幅风景图像并导入CorelDRAW X4中。

②选中图像，然后通过选择"位图" | "创造性" | "天气"命令为图像添加薄雾效果。

第9课

打印、条形码制作

本课知识结构

利用CorelDRAW X4，不仅可以绘制出精美的矢量图形，制作出优秀的设计作品，也可以将作品打印出来，或发布到网络上。本章将就CorelDRAW X4中作品输出前的打印设置以及如何进行网终发布进行讲解。

就业达标要求

☆ 掌握如何进行打印设置
☆ 掌握如何制作条形码
☆ 掌握如何预览、缩放和定位打印文件
☆ 掌握如何创建HTML文本

9.1 打印设置

在日常工作中，用户可以使用彩色或黑白的桌面打印机来打印文档，也可以使用PostScript激光打印机打印文档，不需要复杂的颜色处理，适用于印刷大量的材料和特殊纸样的打印作业。

1. 设置打印选项

在打印之前必须选择适当的打印设备，并设置好它的属性以便能帮助确定正确的色彩转载。选择"文件"|"打印设置"命令，打开如图9-1所示的对话框，单击右上角的"属性"按钮，弹出用于设置设备选项属性的对话框，如图9-2所示，用户可以按照需要设置打印机各项属性。

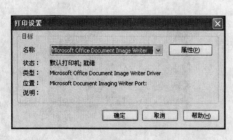

图9-1 "打印设置"对话框

图9-2 设置设备属性的对话框

2. 配置打印设置

在打印之前，需要选择适当的打印设备并设置它的属性，因为打印机的安装是由Windows

控制的，且每种类型的打印机有不同的设备属性，因此，要参考打印机制造商的文档资料，以获得更多的安装和打印信息。选择"文件"|"打印"命令，打开如图9-3所示的"打印"对话框。

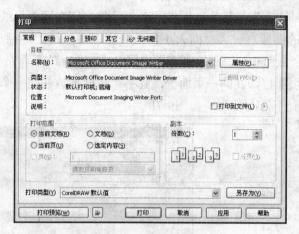

图9-3 "打印"对话框

- 常规：选中"打印到文件"复选框，会将图像打印到一个文件中，而不是打印机上。利用这个文件，就能在另一台电脑上打印出此绘图。用户在"打印范围"设置区域中可以设定打印的文件和页面。"打印类型"是指将打印设置保存起来，以后用相同的方法打印时，就不需要再做设定，只需从其下拉框中选择即可。单击"另存为"按钮，弹出"设置另存为"对话框，如图9-4所示。在"份数"中输入数值，即可设定要打印的份数。

- 版面："版面"中的选项主要用于调整当前打印对象在页面中的布局，如图9-5所示。

图9-4 "设置另存为"对话框

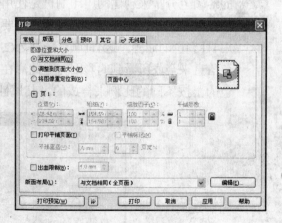

图9-5 设置版面

"版面"各选项的含义如下。

与文档相同：表示按照原图形大小打印图形不可以改变大小。

调整到页面大小：表示不管打印的绘图比页面大还是小，都改变它的尺寸，使它能在一个页面中打印出来。

将图像重定位到：表示改变要打印的对象在纸张中的位置和大小。在它旁边的下拉列表框中可以选择合适位置，如图9-6所示。

打印平铺页面：如果要打印的图像比打印的纸张大，可以选取将图像打印成平铺的，选中"打印平铺页面"复选框，图像的各部分将打印在同一张纸上，然后再将它们拼接成一个完整的图像。键入页面大小的百分比，可以指定平铺重叠的程度。

版面布局：在"版面布局"下拉列表框中可以设定作品的版面布局，例如选择N-UP格式可以把几个页面打印在同一页面上，且每个页面被放在同一个图文框中，各页面从左到右，从上到下依次排列，如图9-7所示。

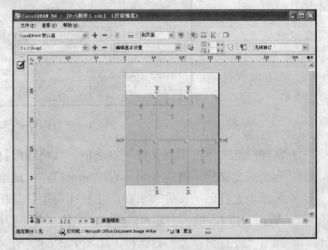

图9-6　改变要打印的对象　　　　　　　　　图9-7　拼版打印
　　　　在纸张中的位置

- 分色：如果输出中心提交了彩色作业，那么就需要创建分色片。由于印刷机每次只在一张纸上应用一种颜色的油墨，因此分色片是不可缺少的，它是通过首次分离图像中的各颜色分量来创建的。印刷机是使用专色而产生的颜色，使用颜色的数目是决定使用哪种方法的主要因素。如果项目需要全色将绘图所用的颜色分色打印出来，就要使用4种颜色的油墨，这4种颜色分别为C、M、Y、K四色。在印刷时，由这些颜色的分色信息来合成所看到的彩图。因此，在印刷品中看到的颜色是由C、M、Y、K四种颜色的墨按不同的比例来合成的，其属性如图9-8所示。

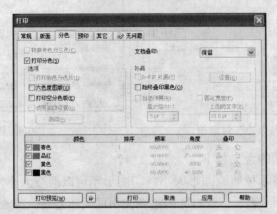

图9-8　设置分色

选项：在"选项"设置区域中设定颜色方式，有打印颜色分色、六色度图版、打印空图版三种可用方式。

补漏：在"补漏"设置区域中设定颜色补漏。用来打印每种颜色的印刷图版称做分色片。如果分色片没有完全对齐就会产生颜色错位，通过有意识地把颜色重叠在一起可以进行颜色补漏。如果对象有一部分被其他对象遮盖，则这一部分不会被打印出来。如果将顶部的对象设定为叠印，则对象被掩盖的部分就会被打印出来，且不同的颜色之间不会产生白色间隙。

- 预印：用户可以在印前设定一些打印的附加信息，如图9-9所示。

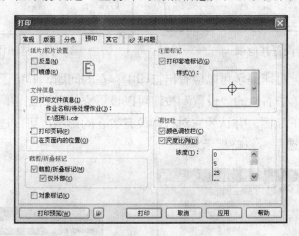

图9-9　设置预印

"预印"中各选项的含义如下：

纸片/胶片设置："反显"可以将原色彩转换过来，"镜像"类似镜子的效果，如图9-10～图9-12所示。

图9-10　原图　　　　　　　图9-11　反显　　　　　　　图9-12　镜像

文件信息：设置将页码和其他的文件信息在纸上打印出来。

裁剪折叠标记：一般在打印分色时选用"裁剪/折叠标记"，将多张的分色胶片套齐。

调校栏："调校栏"的作用是检查分色胶片和印刷品质量。对于要输出绘图来说，应该选定这一项。

- 其他：设定其他的选项，如图9-13所示。选择"打印作业信息表"复选框，可以将有关文件的信息打印，单击"信息设置"按钮，可以设定所要打印的内容，如图9-14所示。

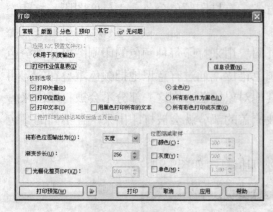

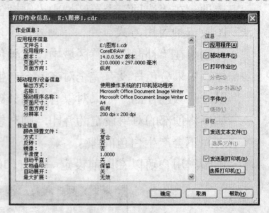

图9-13　设置其他项　　　　　　　　　　图9-14　打印作业信息表

- 设定打印提示：打印提示可以检查出打印中存在的问题，并给予提示和解决方法，如图9-15所示。单击右边的"设置"按钮可以设置它的默认配置，如图9-16所示。如果明白问题出现的原因，并认为它对打印没有实在的影响，可以选择下边的"以后不检查该问题"复选框，忽略提示。

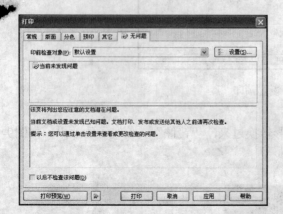

图9-15　设置打印提示　　　　　　　　　图9-16　印前检查设置

9.2　预览、缩放和定位打印文件

在正式打印图像之前，可以通过屏幕预览打印情况，满意之后再正式打印，也可以将需要打印输出的文件放大或重新定位。

1.预览

用户可以用全屏"打印预览"来查看作品被送到打印设备以后的确切外观，"打印预览"显示出图像在纸张上的位置和大小，还会显示出打印机标记，如果使用边界框，对象会显示出待打印的图像边缘。预览打印效果的步骤如下。

（1）选择"文件"|"打印预览"命令，可以显示对象的预览效果，如图9-17所示。所要打印出的整体内容可以被选取、移动、缩放操作。

（2）选择"查看"|"显示图像"命令，可允许或不允许显示图像。

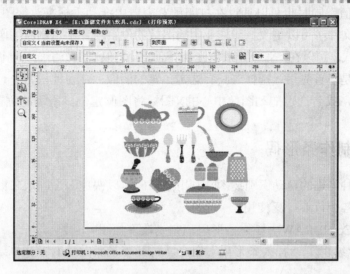

图9-17　打印预览

（3）选择"查看"｜"颜色预览"命令，选择图形不同的色彩显示，有自动、按颜色和按灰度三种，如果想研究颜色的分布，将单个的分色片显示成灰阶，而不是显示成彩色，可能会有帮助。在白色的背景下很难分辨出黄色，不过少量的品红或青色在显示成灰阶时比较容易分辨出来。

2. 缩放

如果使用全页面或手动拼版样式，则可以更改待打印的图形的位置和大小。如果打印的是位图，那么在更改图像大小时要当心。放大位图可能会使输出的作品呈现不清晰的锯齿状态或像素化。

- 缩放页面：利用此项功能，可以改变实际打印出的对象的大小，而不只是屏幕所显示的。选择"文件"｜"打印预览"命令，打开预览界面，然后选择"查看"｜"缩放"命令，弹出如图9-18所示的"缩放"对话框。在此，用户可以选择一个缩放级别，200%是放大，100%是原图大小，75%、50%、25%表示将对象缩小。单击"百分比"选项，在"百分比"框中输入数值，也可以调整对象大小。使用缩放工具还可以缩放对象的一部分，要想实现这一点，可以先单击选中"缩放工具"，然后单击要缩放的区域，如果单击右键，可以缩小单击的图形区域。

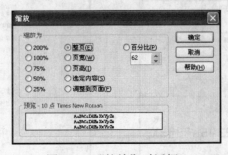

图9-18　"缩放"对话框

- 在打印时调整图像的大小：利用该功能，能够改变打印作业中的每个页面的大小，且不会影响原图形。用"选择工具"单击预览的图像，在属性栏的宽度和高度参数栏中键入数值，同时也可以通过在打印预览窗口中拖动手柄来改变图像的大小。

- 定位图像文件：可以更改打印作业中的图像的位置，且不影响原图像。如果选用了手动版面样式，可以在一张纸上放置几个页面，也可以对每个页面分别调整大小和定位。具体操作是，首先用"选择工具"选定预览的图像，在属性栏左上角的参数栏中键入数值即可，或者通过拖动图像中心的X图标将图像定位到所需的位置。

9.3　实例：制作条形码

条形码是一种先进的自动识别技术，利用条形码可以快速而准确地采集数据，目前，这种技术已被社会各个行业广泛使用。

下面介绍在CorelDRAW中制作条形码，完成效果如图9-19所示。

（1）选择"编辑"|"插入条形码"命令，打开"条码向导"对话框，如图9-20所示。

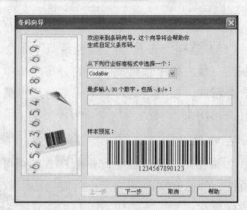

　　　图9-19　完成效果图　　　　　　　　　　　图9-20　"条码向导"对话框

（2）在"从下列行业标准格式中选择一个"下拉列表中根据条形码向导选择条形码的类型格式，这里选择"ISBN"类型格式，在输入框中输入条形码的数值，如图9-21所示。

（3）输入数值后，单击"下一步"按钮，再单击对话框右侧的"高级的"按钮，弹出"高级选项"对话框，通常国内出版的图书，其条形码的前缀都为"978"，所以在此选择"附加978"选项，如图9-22和图9-23所示，然后单击"确定"按钮退出"高级选项"对话框。

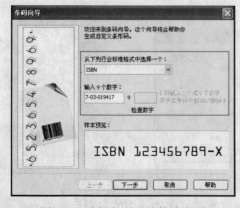

　　　图9-21　选择条形码的格式类型　　　　　　　图9-22　"条码向导"对话框

（4）调整好条形码的属性，设置打印分辨率，单击"下一步"按钮，如图9-24所示。

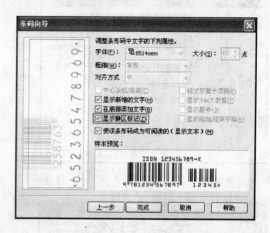

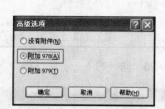

图9-23 "高级选项"对话框 图9-24 调整条形码中文字的属性

（5）设定适当的显示方式，完毕后单击"完成"按钮，即可完成条形码的制作。

（6）完成条形码的制作后可以将对象以AI格式导出，在绘图工作区中可以作为普通图形来调整和处理。

"条形码向导"使用整个打印机像素作为测量单位，在计算"条宽"时将查找与这些数字最接近的数值，如果在高分辨率的打印机上，调整像素可能不会明显地改变条宽，如果在低分辨率的打印机上，"条宽"会明显改变。当然我们可以在"条形码向导"中通过减少像素来调整"条宽"。

9.4 创建HTML文本

可以使用"创建网页兼容文本"命令来创建HTML文本，该命令是将标准的段落文本转换成为HTML格式，以便在Web上直接编辑文档。

1. HTML格式

如果在将文本转换成为因特网文件格式之前不将段落文本转换成为HTML格式，那么转换为因特网文件格式时文件将转换成为位图，且不能在Web浏览器中编辑，美术字不能转换成为HTML文本，总是作为位图处理。

具体操作是，首先选择"文件"|"为彩色输出中心做准备"命令，打开如图9-25所示的"配备'彩色输出中心'向导"，选择"收集与文档关联的所有文件"单选按钮后单击"下一步"按钮，进入向导的下一步对话框，如图9-26所示。

选中"复制字体"复选框，系统将自动复制下面字体，单击"下一步"，结果如图9-27所示。选中"生成PDF文件"复选框，单击"下一步"按钮，如图9-28所示。

单击"浏览"按钮，选择文件所在的路径，"浏览文件夹"对话框如图9-29所示。选择合适的路径，然后单击"确定"按钮，关闭对话框，接下来系统检测并创建所需的文件，弹出如图9-30所示的对话框。选择文件后单击"完成"按钮，即可以完成文档的转换。

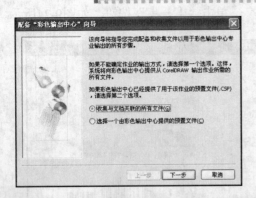

图9-25　'配备"彩色输出中心"向导'对话框

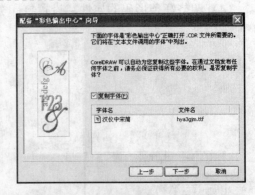

图9-26　向导的下一步对话框

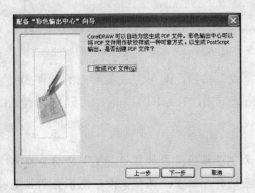

图9-27　建立PDF文档

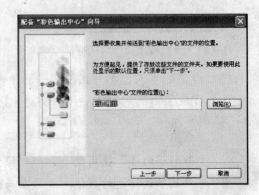

图9-28　指定文件

图9-29　"浏览文件夹"对话框

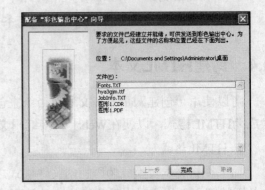

图9-30　建立文件

2. 选择HTML格式输出操作

在CorelDRAW中完成图形作品之后，可以将图形输出，如果要将作品以HTML格式输出，首先应选择"工具"|"选项"命令，打开"选项"对话框，选择"发布到Web"，如图9-31所示。用户可以在"位置容限"、"图像空白区"、"位置空白区"三个编辑框中分别输入数值。

在左边树状目录中单击"图像"，操作界面如图9-32所示，选择输出图像类型有JPEG、GIF、PNG三种格式。

在左边树状目录中单击"文本"，操作界面如图9-33所示，在该对话框中可以选择文本的输出方式。

- URL：URL就是统一资源定位符，它是定义文档在因特网位置上的一种独特的地址。要想将转换后的Web文档中的因特网对象成功地连接到另一个文档上，每一个URL组件必须与要连接的URL地址完全匹配。要链接到一个页面或正在浏览的文档中，只需要键入指定的页面或地址就可以了。
- 因特网图层：所有预配置的因特网对象、内嵌的Java程序、Web文本中的HTML文本对象等，都被放置在一个单独的图层上，该图层被称作因特网图层，这个因特网图层在创建因特网对象或导入其他对象时将自动产生，且因特网图层上的对象不能与该图层上的其他对象相交或重叠。
- 指定书签：可以用"因特网对象"工具栏或"对象属性"泊坞窗口中的因特网页，给Web文档中的任何对象指定一个新的或已经用过的书签。每一个文档页面中的多个对象不能指定同名书签，为一个对象指定书签之后，可以创建一个从相同文件内部或外部的HTML文档到该对象的超级链接。

4. 将文档另存为网页格式

"另存为"网页格式共有三种，选择"文件"|"发布到Web"命令，在其子菜单中就可以观察到，如图9-37所示。

- HTML：选择"文件"|"发布到Web"|"HTML"命令，可打开如图9-38所示的对话框。

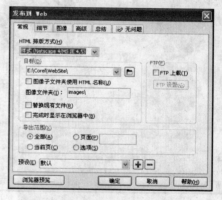

图9-37 "发布到Web"命令子菜单　　　　图9-38 "发布到Web"对话框

在"HTML排版方式"中，设定布局样式共有4种，如图9-39所示。用户可以在"导出范围"设置区域中选择导出的方式和范围。完成设置后，单击"确定"按钮，即可完成发布。
- HTML的Flash：这种格式是将Flash格式的文件导入到HTML文本中。选择"文件"|"发布到Web"|"嵌入HTML的Flash"命令，可打开如图9-40所示的对话框，在该对话框中选择Flash格式的文件，单击"导出"按钮即可。
- Web图像优化程序：可以将图形在不同的缩放比例下进行优化处理。选择"文件"|"发布到Web"|"Web图像优化程序"命令，可打开"网终图像优化器"对话框，如图9-41所示。

在 图标右侧的下拉列表中，可以选择优化的文件大小；在 图标右侧的下拉列表中，可以选择放大比例。在该对话框的右上角显示了显示图形窗口个数的按钮，分别包括一个、水平分布两个、垂直分布两个和四个，如图9-42所示显示的是四个窗口的状态。

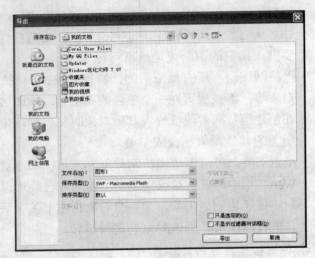

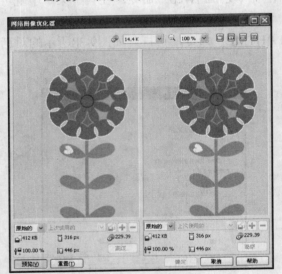

HTML 表（兼容大多数浏览器）
图层 (Netscape 4)
样式 (Netscape 4/MS IE 4.5)
带图像映射的单个图像

图9-39　布局样式　　　　　　　　　　　　图9-40　"导出"对话框

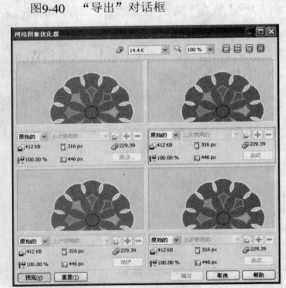

图9-41　"网终图像优化器"对话框　　　　图9-42　图像优化的四个窗口

课后练习

1. 简答题

（1）在CorelDRAW X4中，如何制作条形码？

（2）条形码共有哪几种样式？

（3）如何进行打印预览？

（4）怎样操作能改变打印作业中每个页面的大小，而不影响原图形？

2. 操作题

（1）制作一个行业标准格式为"**Code 128**"的条形码，条形码中的数字自由编辑，如图9-43所示。

233-123456-489-586-420

图9-43 条形码

（2）打开一个设计制作好的文件，根据需要设置印前的数据，并以新文件的方式打印出来。

反侵权盗版声明

电子工业出版社依法对本作品享有专有出版权。任何未经权利人书面许可，复制、销售或通过信息网络传播本作品的行为；歪曲、篡改、剽窃本作品的行为，均违反《中华人民共和国著作权法》，其行为人应承担相应的民事责任和行政责任，构成犯罪的，将被依法追究刑事责任。

为了维护市场秩序，保护权利人的合法权益，我社将依法查处和打击侵权盗版的单位和个人。欢迎社会各界人士积极举报侵权盗版行为，本社将奖励举报有功人员，并保证举报人的信息不被泄露。

举报电话： （010）88254396；　（010）88258888

传　　真： （010）88254397

E-mail：　dbqq@phei.com.cn

通信地址：北京万寿路173信箱
　　　　　电子工业出版社总编办公室

邮　　编：100036

欢迎与我们联系

为了方便与我们联系，我们已开通了网站（www.medias.com.cn）。您可以在本网站上了解我们的新书介绍，并可通过读者留言簿直接与我们沟通，欢迎您向我们提出您的想法和建议。也可以通过电话与我们联系：

电话号码： （010）68252397

邮件地址：webmaster@medias.com.cn